尾島俊雄
Toshio OJIMA

都市環境学を開く

鹿島出版会

都市環境学を開く

序

産業革命によって化石エネルギーを多消費したことから、人類は宇宙で唯一、生命体をもつ地球の自然環境を破壊することになった。気候変動やコロナパンデミックもその結果と考えられるのではないか。こうした現状を克服する都市環境学についてあらためて考えたい。

私の幼少時代、なぜ日本は戦争をしたかの「解」として、石油を主とするエネルギーを自給できなかったからと教えられた。大学で建築を学び始めたとき、近代建築は昼・夜・季節を問わずエネルギー供給なくして成り立たないことを知った。その後、巨大化する都市にあっては、そのエネルギーをどのように供給するかを考えると、「熱くなる大都市」対策としてのヒートアイランド問題を手始めに、地球温暖化やＳＤＧｓ、さらにはコロナパンデミックなど、地球レベルで環境との共生なくして未来もないことを学ぶ必要が生じている。二〇世紀末、アジアを中心に途上国が大発展していったなかで、先進国並みの豊かさを求めてCO_2削減のために立地する原発の安全性や使用済み核廃棄物の環境対策もまた、都市環境学の領域と考えざるを得なくなった。世界の都市環境対策でいちばん困難なのは人口密度と集中度で、その巨大さからアジア地域での大都市環境の悪化は深刻である。

日本学術会議の会員のとき、五年間で学んだ成果を当時の総理に勧告しても「重く受け止める」との言葉だけで、実装されることはなかった。しかし、その間の「声明」や「勧告」した内容については語り続けなければならない。今日の大地震や洪水対策として大都市の安全・安心や建築基準法の改革提言などである。気候変動や都市の巨大化に比して災害も激しく、著しいことを知る。大都市・東京の丸の内や銀座・日本橋、大阪の御堂筋や船場地区での住まいと賑わいを取り戻すための新しい新都市インフラストラクチャ－を計画することも都市環境学の仕事である。

二一世紀は、国を超えた都市間競争によって都市と農山村の格差拡大が進んだ。同時に、国土強靭化やカーボンフリーが不可欠になった。日本は二一世紀前半に人口減少社会に転じて、クールジャパンの発想や空き家問題の解消こそ地方創生の道であると考えた。幸い、日本の都市には必ず寺社・仏閣を拠点とする本当に心地よい「まほろば」があった。

日本の伝統的な建築界にあって、アナログ的職人文化からコンピュータ支援（ＣＡＤ）社会に入って、二一世紀は「デジタルビルド・ジャパン」を都市環境学に取り入れなければならない。

地球環境へのインパクトを少なくすることによって、少なくとも人間が地球環境を破壊することのない科学のための科学としての「都市環境学へ」から、社会のための科学としての「都市環境学を開く」必要がある。

二〇〇八年に『都市環境学へ』を出版して、その最終章で未完のプロジェクト実現に向けて「学」の未完を実感した。そのときから、余生ではなく、社会の一員として「都市環境学へ」から「都市環境学を開く」に猪突猛進してきた成果を本書で少しでも記すことができれば幸いである。

二〇二四年一〇月四日

目次

1

地球環境と都市環境学

一九七五年、NHKブックスから『熱くなる大都市』を出版した。そのときは大都市の影響が地球レベルに達するのはだいぶ先の話と考え、参考までに地球レベルの問題として解説した。

温室理論によれば、化石燃料を用いることによって、大気中の炭酸ガス量が増加し、その結果、太陽からの日射熱を吸収するとともに、地球からの輻射熱も吸収し、大気温度が上昇し続ける。現在の調子で化石燃料を燃やし続ければ、西暦二〇〇〇年までに、大気中の炭酸ガス濃度は五十%増し、平均温度は数度上昇する。また埋蔵化石燃料の五十%を燃やせば、約十℃も上昇するといわれる。……(だが)全地球的規模における問題ではなく、今少し小さなスケールでの熱汚染を取り上げている。現在の公害と呼ばれているのも、その意味では全て局所的なものである。

日本建築学会『建築雑誌』(二〇二一年五月号)特集「暑くなる日本――蒸暑アジアからの挑戦」論考では、名古屋大学教授飯塚悟氏が日本の東京・大阪・名古屋の最近一〇〇年間の平均気温上昇は三・二℃、二・六℃、二・九℃と中小都市の一・五℃上昇に比べて大きく、地球温暖化の影響による〇・七五℃上昇に対して都市温暖化の割合は二・五〜三・三倍大きいこと、またIPCCの報告では、二〇八一年〜二一〇〇年の世界平均気温は一九八六〜二〇〇五年平均に対して最大四・八℃気温上昇するとの予測から、人口減少や省エネが予想される日本の三大都市の気温上昇はこの値以下である点に着目。大都市の都市計画を考えるにあたって、IPCCの地球規模での気候予測モデル(「温暖化ダウンスケーリング技術の建築・都市環境問題への

章扉写真/尾島怜子撮影

活用に関する研究」で日本建築学会賞（論文）を受賞）を利用し、名古屋市を例に、二〇三〇年、二〇五〇年、二〇七〇年、二〇九〇年の気温上昇の状況を算出している。脱炭素を目指し、二〇五〇年までのゼロエミッションを達成するためには、日本の大都市計画に、飯塚論文は大きな成果で、役立つことは確かである。

二〇〇五年、国交省のヒートアイランド研究会で、スーパーコンピュータを用いた東京のヒートアイランド状況を算定した足永靖信氏（国土技術政策総合研究所室長）による『東京ヒートマップ――CFDによる東京23区全域の熱環境解析』は、東京のヒートアイランド現象を緩和するにあたって、海からの冷風をとり入れる「風の道」研究に役立った。

筆者の『熱くなる大都市』を高校生時代に読んだのがきっかけで、いまやヒートアイランド研究の第一人者・足永氏があること、研究室ＯＢの飯塚君がＩＰＣＣの最先端情報から行った都市のヒートアイランド現象予測が、日本の企業がＡＳＥＡＮ諸国の都市計画を実装するにあたって貴重な情報を提供することになるであろうことは嬉しい限りである。

昨今では、気象庁のヒートアイランド情報が、毎年、大都市の夏・冬について図解報道されている。こうしたエビデンスに基づいてのまちづくりを考えると共に、ＯＢ・ＯＧ達の活躍を見守ることができるのも、長く生きてきての幸か不幸か。

1　SDGsの系譜

二〇一九年十一月十一日の「公共建築の日」、筆者は（一社）公共建築協会に招かれ、「わが国におけるSDGsの系譜」について講演することになった。「いま何故SDGsか」、これは国連が地球環境の危機に直面し、二〇一五年、各国に持続可能な開発目標として二〇三〇年アジェンダとしてのSDGsを採択したことに依るが、大きくは第二次世界大戦終戦からの世界の動向がある（図1）。一九九〇年に東西冷戦が終結後、国連では、くすぶっていた人権と地球環境問題に対し、一九九二年、ブラジルのリオ・デ・ジャネイロで国連環境開発会議（地球サミット）を開催し、アジェンダ21と生物多様性条約、気候変動枠組条約などを採択する。先進国と途上国の貧富格差と地球環境汚染解決が国連の最重要課題となる。くすぶっていたというのは、後述する一九六八年からのローマクラブの活動であり、国連特別委員会での人権と地球環境問題であった。

一九四五年から二〇二〇年に至る七十余年は私自身の人生体験そのものであり、日本や世界の社会状況を身体で学んできた時間である。日本は人口増大から減少へ、しかし世界中の人口は増加し続けている。地球や都市環境の破壊は日本だけの努力では如何ともしがたい時代に至っている。そのときの講演内容を図1で説明する。

（1）いま何故SDGsか——人間と環境

一九四五年から一九八九年の昭和の時代は、東西冷戦の時代でもあった。自由主義と共産主義

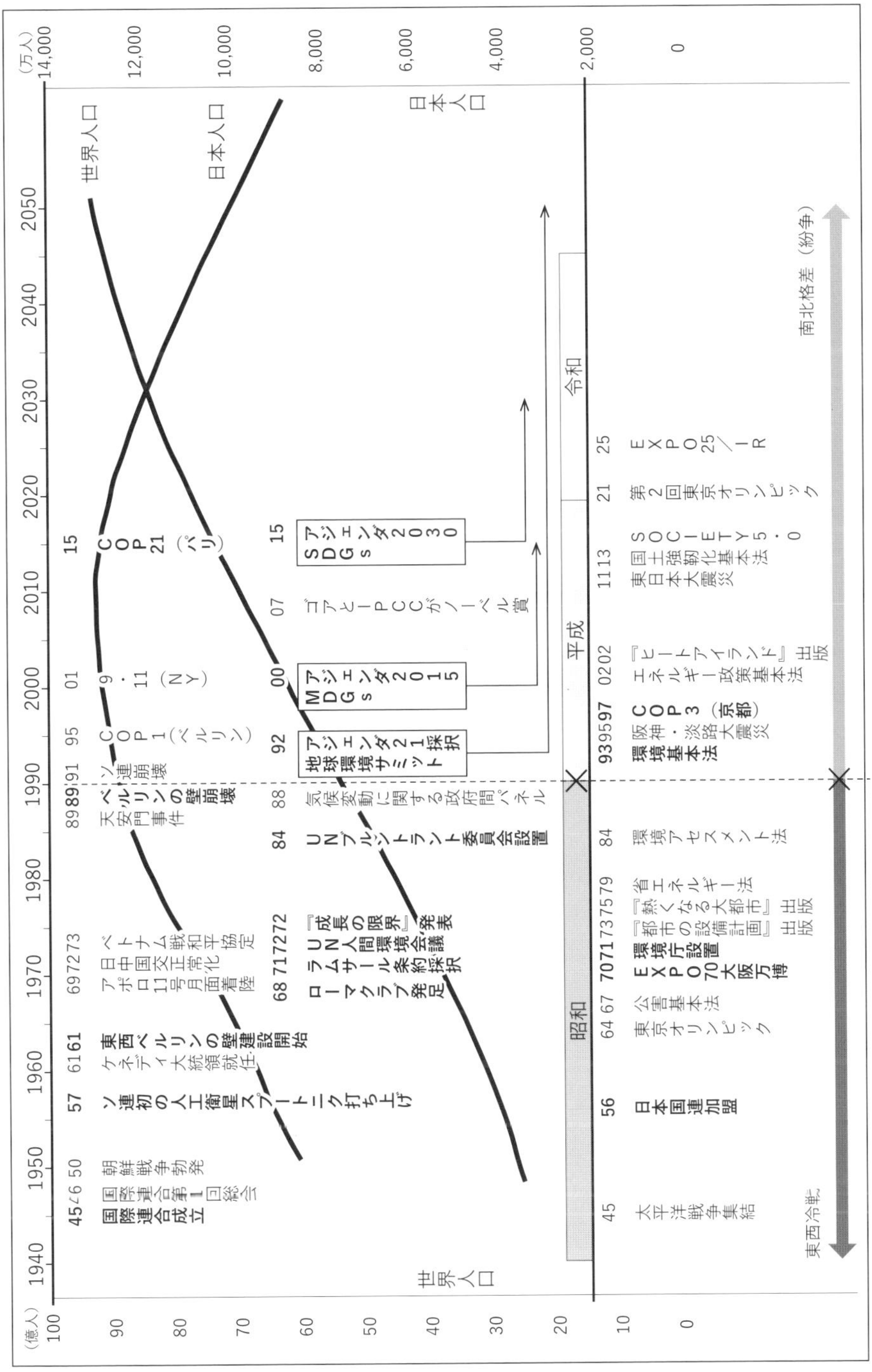

図1 第二次世界大戦以降の世界

の対立構造のなかで、日本は平和国家として自由経済圏で高度経済成長を成し遂げる。一九六四年の東京オリンピック、一九七〇年の大阪万博をきっかけに、人口の増加と大量生産・大量消費時代が到来し、化石エネルギーや食糧、水資源の不足、公害、格差問題等についての懸念が生じていった。

建築界もまた、近代建築による都市のエネルギー多消費の時代に至る。こうした経緯から、ローマクラブの一九七三年東京大会をきっかけに、筆者は『都市の設備計画』（鹿島出版会）や『熱くなる大都市』（ＮＨＫブックス）等を出版、研究室も「都市環境学」専修に改名した。なかでも一九七〇年の大阪万国博会場で、筆者らが世界最大規模の地域冷房を設計した結果、三〇〇ヘクタールの会場に展開したパビリオンや駐車場が、千里の緑の丘をコンクリートと冷房排熱による熱汚染でヒートアイランド現象を起こした。そのことが人工衛星(ランドサット)からのリモートセンシングで「見える化」され、ＮＨＫのテレビ放送で大きな話題になったのが、『熱くなる大都市』出版の経緯である。

幸か不幸か、昭和から平成に入って、一九九二年、ブラジル・リオの地球サミットで、東西冷戦から南北格差と地球環境が最大の課題となった。その仕上げがＳＤＧｓであると考えてよかろう。端緒は「ラムサール条約」（一九七一年）と「国連人間環境宣言」（一九七二年）である。一九七一年二月、イランのラムサールで渡り鳥のための湿地を守る条約が制定され、一九七五年に発効。以降三年に一度、締結国会議（ＣＯＰ）が開かれ、今日に至っている。地球上で一七〇万平方キロメートル（日本国土の五倍）、日本でも五〇か所が「水鳥の生態系」を守るために自然環境が保護されている。

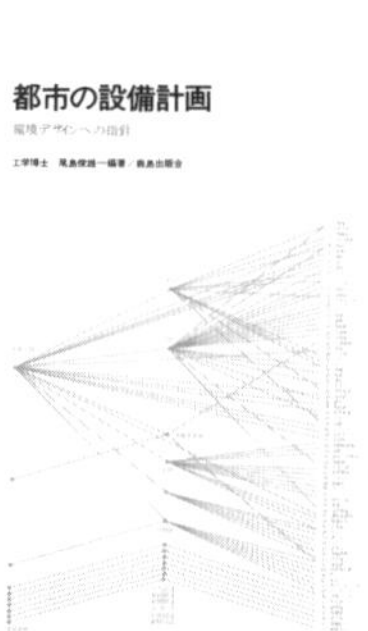

図２『都市の設備計画』（鹿島出版会、一九七三年）

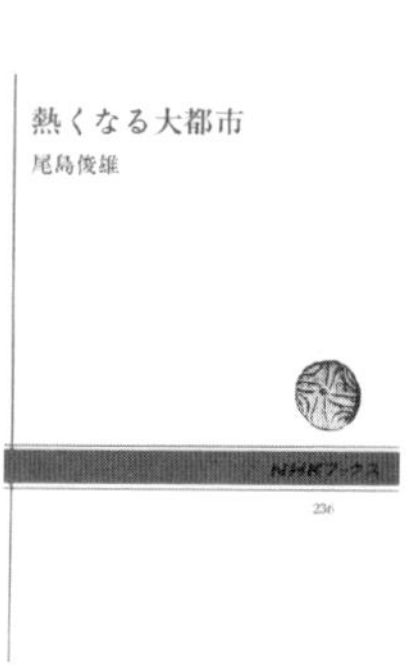

図３『熱くなる大都市』（日本放送出版協会、一九七五年）

「水鳥」に比べ、「人間は」ということから、「Only One Earth（かけがえのない地球）」のスローガンの下に世界一一四か国が参加して、一九七二年にストックホルムで国連人間環境宣言が採択された。一九六八年の国連理事会でスウェーデンが「人間環境に関する国際会議」を指導し、一九七二年には一一三か国でこの宣言が採択された。「環境は人間の生存を支えると共に、知的・道徳的・社会的・経済的な成長の機会を与えている。人は科学技術の加速度的進歩により、前例のない規模で変革する力を得る段階に達した」と。

（2）ローマクラブの警告――「持続可能性」への言及

一九六八年、フィアットやオリベッティ社の重役として知られたアウレリオ・ペッチェイ（一九〇八～一九八四）を中心に、「地球の有限性」に関心をもつ知識人がローマで初会合をもった。ペッチェイはこの問題についてMIT教授のジェイ・フォレスター（一九一八～二〇一六）にシステム・ダイナミック手法での解析を委託（フォルクスワーゲン財団から二五万ドルが提供された）。同助教授デニス・メドウス氏（一九四二～）を中心に、一年後の一九七二年に「成長の限界」と題した報告書を出版した。

一九七二年、第一報告である『成長の限界』（D・L・メドウズ他著、大来佐武郎監訳）が出版されると大好評で、特に「人口の増加で環境汚染・食糧不足、百年以内に人類は破滅」との一節は全世界に大きな反響を及ぼした。食糧、工業生産および人口が幾何級数的に成長し、ついには急速に減少する資源が工業の成長を低下させるに至るという世界モデルのシミュレーション結果である。

その後、ペッチェイ会長は各国政府のトップレベルの人々に常任委員を要求して支援、一九七九年まで第六報告が出版されていく。* 『人類の使命／ローマクラブはなぜ生れたか』（アウレリオ・ペッチェイ、大来佐武郎訳）には、ローマクラブ創設者ペッチェイ会長等の報告が国連を動かすことになる経緯が記されている。

一九八〇年、ＩＵＣＮ／ＵＮＥＰ／ＷＷＦにより「世界自然資源保全戦略」が発表され、「持続可能な開発」（Sustainable Development）という概念が初めて公式に登場した。「環境と開発に関する特別委員会」が承認される。後にノルウェーの首相となるグロ・Ｈ・ブルントラント氏（一九三九〜）を中心に、有識者で構成された「賢人会議」が開催され、一九八七年までの四年間でまとめられた報告書「Our Common Future（地球の未来を守るために）」では、「将来世代のニーズを損なうことなく、現在の世代のニーズを満たすこと」という「持続可能な開発」の概念を明らかにした。この概念こそ、その後の地球環境保全のための道しるべとなり、一九九二年リオでの地球サミットの基本的な概念となった。

ブルントラントがＷＨＯ事務局長であった頃、ＷＨＯが都市環境の評価方法として、「Safety, Healthy, Efficiency, Comfortable」の四軸を発表した。このことから、この手法を尾島研究室でも採択して、日本のみならず各国の都市環境総合評価に用いた。

（3）リオの地球サミットと建築界の対応

地球サミットでは、「環境と開発に関するリオ宣言」、二一世紀に向けての人類の行動計画たる「アジェンダ21」などの文書が採択されたほか、気候変動と生物多様性に関する二つの条約が制

* 一九七四年、第二報告…『転機に立つ人間社会』（M・メサロビッチ著、大来佐武郎・茅陽一訳）では生き残りの具体策が述べられる。一九七六年、第三報告…『国際秩序の再編成』（ヤン・ティンバーゲン著、茅陽一・大西隆訳）では、地球的相互依存時代・既存の国際システムの構造的変革の必要性を訴える。一九七七年、第四報告…『浪費の時代を超えて』（D・カボール著、鈴木胖訳）では、爆発的人口増大と先進国の浪費による危機と科学技術の発展の関連を。一九七八年、第五報告…『人類の目標・地球社会への道』（A・マズロー著、大来佐武郎訳）では人々の価値意識・イデオロギーといった内的限界を超えて、世界的連帯の可能性を。一九七九年、第六報告…『限界なき学習』（J・W・ボトキン著、大来佐武郎訳）では自然や生活環境の変化を理解するため、学習能力をもつこと

定され、日本はじめ多くの国が署名している。特に、アジェンダ21ではリオ宣言に盛り込まれた二七原則を踏まえつつ、着実に実施に移していくべき様々な課題が四〇章にわたって具体的に整理されている。

この地球サミットは、人類の将来の生存自体にも影響を及ぼす環境問題の深刻化を背景として、全世界が一丸となって取り組んだ歴史的会議であった。日本の建築界でも、菊竹清訓はブラジルのアマゾンを舞台に持続的居住域を提言し、私の研究室では世界最大の東京圏人口三五〇〇万人を一つの建物に収容することによる地球環境への影響について提案した（図４）。学者も政治家も経済界もアジェンダ21の文書を入手する。

図４　東京バベルタワー（高さ10㎞×底辺10㎞）（尾島俊雄、一九九二年）

その後、京都議定書が採択された一九九七年の気候変動枠組条約締約国会議（ＣＯＰ３）の際、私は日本建築学会会長として一九九〇年からスタートしていた地球環境問題特別委員会の成果をもとに学会声明を発表した。それは「日本の建築寿命を今日の三倍、新設建物のCO_2発生量は三〇％削減させる」というものだった。建築学会のみならず、その後も建築系四団体と共にこの京都議定書を支援した。

（４）ＭＤＧｓからＳＤＧｓ、その課題と限界

一〇〇〇年のセンチュリーから一〇〇〇年のミレニアムという二一世紀に向けて、国連は一九三か国と二三国際機関で二〇一五年までに達成する八つのゴール（目標）と二一のターゲット（達成基準）を、二〇〇〇年九月「国連ミレニアム宣言ＭＤＧｓ（Millennium Development Goals）」として採択した。これが二〇一五年のＳＤＧｓに継承されることになる。この年、ジョージ・ブッシュと共和党の大統領選を争って敗れたアル・ゴア氏が、その後、地球環境対策の活動家として、政府間パネル（ＩＰＣＣ）を支援。ドキュメント映画『不都合の真実』を制作し、二〇〇七年のノーベル平和賞を受賞している。同映画には、南極や北極の氷山の減少と流氷群、水温上昇とツバルやモルディブ等の水没。異常気象や巨大台風、高潮、洪水、干ばつ、水不足、さらには貧困からの地域紛争の多発、難民の増加等が指摘されている。このような状況下で、二〇一五年、国連は「誰一人取り残さない（No one will be left behind）」という高邁な理念に基づいて、二〇三〇年アジェンダとして、一七のゴール（目標）と一六九のターゲット（達成基準）、二三〇二のインディケーター（指標）を採択した（図５）。これがＳＤＧｓ（Sustainable

図5 SDGs 持続可能な開発目標（二〇三〇年 アジェンダ）二〇一五年

Development Goals）である。

SDGsでは良いことをしていると宣伝しながら、実はマイナスのことをしていることを「〇〇ウォッシュ」という。たとえば、「グリーンウォッシュ」は、「環境にやさしい」と銘打って実は効果がない場合など。「SDGsウォッシュ」は一つのゴールに貢献するが、他のゴールにとってはマイナスになるようなケースがある。国連のシンボルカラーは青色なので、「ブルーウォッシュ」ともいわれる。

「誰一人取り残さない」について、フランスのマクロン大統領は二〇一八年、気候変動対策強化に資せんとして、ガソリン税を増税したところ、車無しには生活できない地方の低所得者から反発、デモ「黄色いベスト運動」が起こった。これは「誰一人取り残さない」と「大胆な変革」の両立が困難なことを示している（図6）。

図7で示したのは、ソーラー発電事業はゴール7（エネルギーをみんなに そしてクリーンに）

図6 SDGs「誰一人取り残さない」ことの難しさ（藪野健画）

9（産業と技術革新の基盤をつくろう）、13（気候変動に具体的な対策を）の目標にはプラスであるが、11（住み続けられるまちづくりを）、17（パートナーシップで目標を達成しよう）にはマイナスになる。こうしたKPI（需要業績評価、Key Performance Indicator）が大切である。

　地球温暖化対策への初めての国際的取り決め、一九九七年の京都議定書は、当時、地球温暖化問題に国際社会が取り組むための唯一の「約束」であった。温室効果ガスを、二〇〇八～一二年の「第一約束期間」内に一九九〇年比で「先進国」がどれだけ削減可能か、その目標が決められた（日本六％、米国七％、EU八％など）。加えて、排出量取引、クリーン開発メカニズム（CDM）、共同実施といった市場システムに基づく三つの仕組み、いわゆる「京都メカニズム」が盛り込まれた。

　ところが、この議定書はその後、当時の最大のCO_2排出国である米国が異議を唱え、二〇〇一年三月に同議定書からの離脱を表明した。同議定書採択時の米国は民主党のクリントン政権下にあり（一九九三～二〇〇一年）、その後誕生した共和党のブッシュ（ジュニア）政権（二〇〇一～〇九年）が、完全にこの議定書を否定した。中国が議定書の中で「発展途上国」と位置づけられ、排出責任をまったく負わないことは、米国にとって最大の不満だった。その後日本は、米国と同様に経産省の思惑どおり、二〇一一年のCOP17で「第二約束期間」（二〇一三～二〇年）への不参加を表明。しかし、活動を重ねていくに従い、「先進国だけに削減義務があり、途上国には義務がない京都議定書はおかしい」という議論が広がりを見せ、「京都」とは別の国際的枠組みを求める声が徐々に高まっていった。

　その後、二〇一一年のCOP17で、米国、中国も入った新たな枠組みづくりを協議する作業部

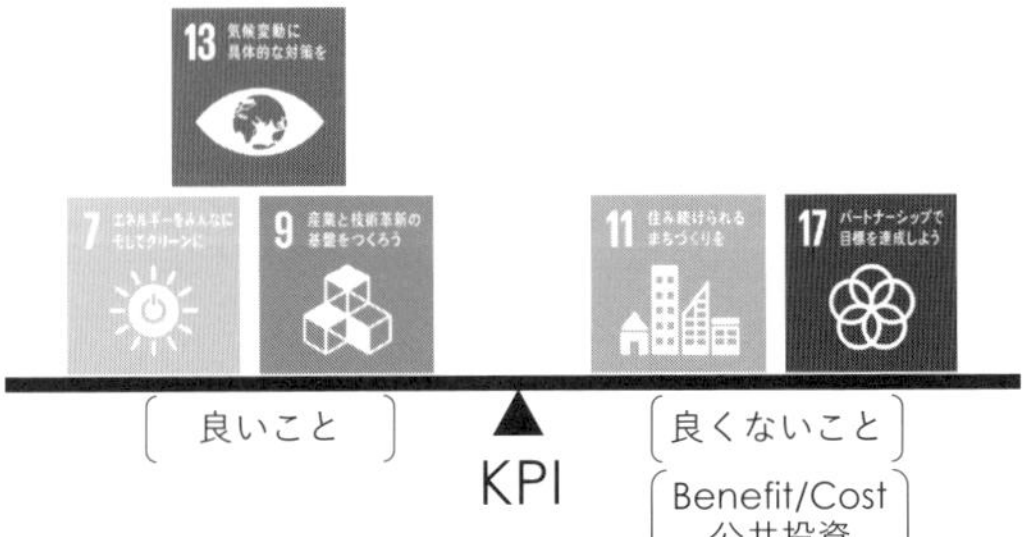

図7　ソーラー発電事業を例にした「SGDs ウォッシュ」。KPIが重要

会が設立される。日本は「第二約束期間」からの事実上の離脱である。二〇一五年のCOP21（パリ）で採択されたのが「京都議定書」に代わる新たな国際的枠組み「パリ協定」である。二〇二三年時点で一九四か国とEUが署名しているこの協定では、米国を含む「先進国」と中国を含む「発展途上国」の全ての国が温室効果ガスの削減状況を五年ごとに確認できる仕組みを設けることなどの目標が明記された。しかし「パリ協定」が「パリ議定書」にならなかったのは、したがって多くの国が法的に拘束されることを嫌ったからにほかならない。

一九九七年に採択されたCOP3の約束期間である二〇一二年まで、日本は一九九〇年比六%削減を達成したが、そのためにCDM（クリーン開発メカニズム）による政府支出が三〇〇〇億円、民間の電力・鉄鋼会社等による支出が七〇〇〇億円、合わせると一兆円以上の支出が必要であった。

二〇一五年のCOP21、パリ協定目標達成のための支出は、二国間オフセット（JCM）で少なくとも環境省が年間一〇〇億円以上の支出を見込むのみならず、先進国は途上国へ一〇〇〇億円の支出を約束している。また気温上昇を産業革命前に比べて二℃未満に抑えるため、二〇五〇年までにゼロエミッションを実現しようとし、そのため各国の排出量枠が決められた。（日本政府は八〇%削減だが、東京都はゼロ回答である）。とすれば、いま、地球上の化石燃料を全部使った場合に排出されるCO_2量は三兆トン弱、パリ協定合意は排出できる量は一兆トンで、二兆トンは使用できない資源となる。

COP28（UAE・ドバイ）で、欧米が求めた当初案の「化石燃料の段階的廃止」は中東産油国の反対で見送られ、合意文書は、およそ一〇年間で化石燃料から脱却することや再生可能エネルギーを二〇三〇年までに現状の三倍に拡大する方向性を明記した。その結果、日本の選択肢は原発再稼働の道しかないことが心配される。

2　新型コロナパンデミックに学ぶ

(1)パンデミックと都市の安全確保

二〇二〇年三月一一日、人口一一〇〇万人の中国の武漢市がロックアウトしている状況下、WHOのテドロス事務局長がやっと新型コロナウイルス感染症で「パンデミック」を認定した。パンデミックとは、感染症(伝染病)の世界的な大流行を表す語で、ギリシャ語の(Pan「全て」とdemos「人々」)が語源という。感染症の流行は、エンデミック(endemic「地域流行」)、エピデミック(epidemic「流行」)、パンデミック(pandemic「汎発流行」)に分類され、最大規模がパンデミックである。

パンデミックや、そう認定されていないものも含め、その歴史は、一四世紀(一三四七〜一三五二)、ヨーロッパ総人口の三分の一に相当する二五〇〇〜三〇〇〇万人が死んだ黒死病(ペスト)に始まり、一九〜二〇世紀(一八一六〜一九二三)にはコレラが七回も大流行し、一九五二〜一九六〇年のロシアは一〇〇万人の死者を出した。二〇世紀、第一次世界大戦終了後(一九一八〜一九一九)、全世界に軍隊や労働者の移動に伴って、スペイン風邪(インフルエンザ)が大流行し、五〇〇〇万人から一億人の死者を出し、日本でも三八万人の死者が出たとされる。以降も、インフルエンザ、AIDS(後天性免疫不全症候群)、新型インフルエンザ、エボラ出血熱、

SARS（重症急性呼吸器症候群）、MERS（中東呼吸器症候群）などが起きてきた（表1）。

改めて考えるに、二〇〇五年六月二三日、私自身が日本学術会議の「大都市をめぐる課題別特別委員会」の委員長として二年間に一七回の会議と二回の役員会やシンポジウムを執り行い、各部から二名、一四人の委員を中心に討議を重ねて報告した成果を思い出した。四月にはその結果を総会の決議を得て当時の小泉純一郎総理に「勧告」している。

そのなかで特に感染症の心配については、第七部会員の折茂肇教授と金子章造教授が担当であった。勧告の一部「大都市の安全確保対策として、病院船の建造や感染症対策等の救急医療体制などを早急に整備する必要がある」として、病院船・外傷センター等の必要性について、アメリカの病院船の例を挙げ、説明していた。この勧告と報告書は、小泉総理からは重く受け止め処理したいとの報告を受けていた。しかし二年後、新潟県での地震対策から病院船の要求が出され、後日、内閣府に学術会議事務局より問い合わせたが、検討中であるという回答で終わっている。果たして、今回の新型コロナに関して、二〇二〇年三月の新聞で病院船の調査予算が計上されたとの記事を見るも、現実味がなさそうだ。

(2) アフターコロナ時代の都市環境

果たしてパンデミック後の世界観としては、グローバル化が減速したといえるのか。問題は、大都市化の加速がパンデミックでいかに危険かを学んだはずが、この状況で終息されると中途半端で、貧しさと格差の拡大のみが拡散しそうである。

筆者が会長を担うNPOアジア都市環境学会では、その二〇二〇年六月一五日の理事会がコ

表1　おもなパンデミック死者数。WHOの推計では約一五〇〇万人との報道もある（二〇二四年）

14世紀	ヨーロッパ 黒死病	2,500～3,000万人
19世紀	ロシア コレラ	100万人
1918年	スペイン風邪	5,000万人
1957年	アジア風邪	200万人
1968年	香港風邪	100万人
2009年	新型インフルエンザ	1.6万人
2021年	新型コロナ COVID-19	225万人

ロナ禍にあって書面出席が過半となったほか、青島での学会大会はあくまで九州支部の責任で開催し、NPO本部はその支援ということになった。青島大会は、結果として九州支部が主催するオンラインの研究会“Urban Built Environment beyond the Global Pandemic”17th International Symposium of AIUE 2020@Virtul Conferenceとして開催された。学会誌には一〇二編の英論文（五五〇頁）が掲載され、福田展淳実行委員長（北九州市立大学）の下に、二〇二〇年一二月二〇日に研究発表会が執り行われた。当日、私の挨拶は日本語で、デワンカー・バート君（北九州市立大学）が英語に通訳する。「ウイズ・コロナで、アジアのみならず、世界中の都市のあり方が一変せんとしている昨今、『アフターコロナ時代の都市環境』について、会員諸君から論文を募集した結果、三五編も手元に届きました。これを読みながら、諸君の近況を知ることができて、大変心強く思いました。特にその一編、いま通訳中のD・バート君の論文『ポストモダン・ポストインダストリー・ポストコロナ』が印象に残りました」。

このバート君の論文をはじめ、同年一二月一四日に開いた論文選考会で、三四編中三編がまほろば賞に選ばれた。のちに、NPOアジア都市環境学会はこれらの論文をまとめた『アフターコロナ時代の都市環境』を出版することになったが、私も選考委員の一人として全ての論文を読んだ結果、それぞれが刺激的で、新鮮な論文に感銘した。コロナ禍の惨状下にあって、会員諸兄がこの非常事態にいかに発言の場を求めていたかを知った。

出版作業は全て三浦昌生君が九州で仕上げてくれることになり、表紙は渋田玲君が担当して、二〇二一年二月一日、製本が手元に届いた（図8）。この日の米国ジョンズ・ホプキンス大学発表のCOVID-19陽性者は一億人を突破して、死者も二二五万余人と、この三か月足らずで倍増す

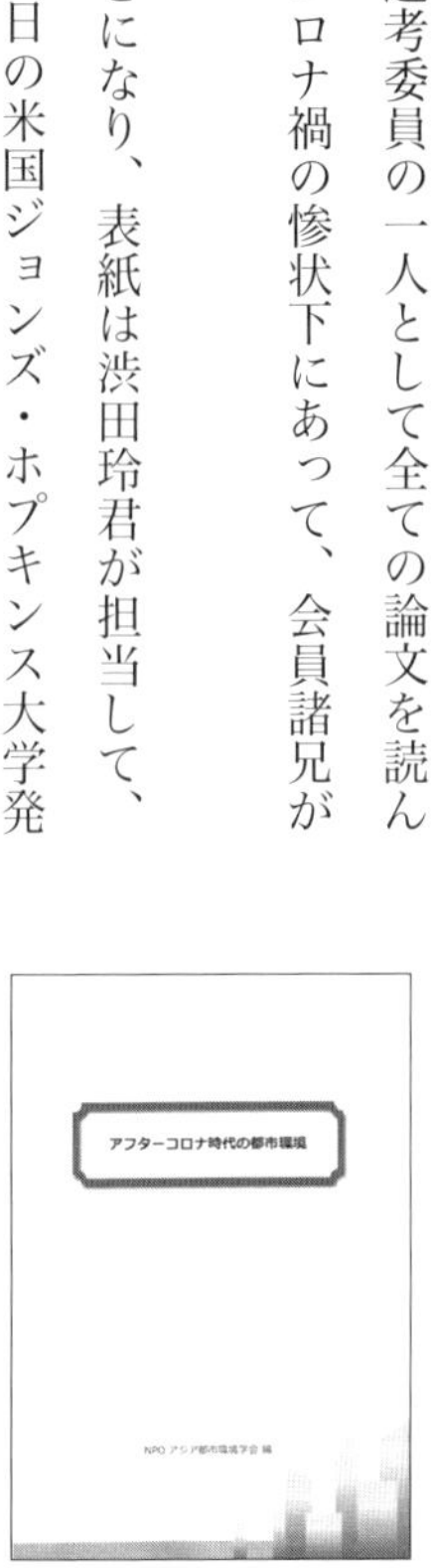

図8『アフターコロナ時代の都市環境』（二〇一八年）

るすさまじさであった。すでにワクチンが各国で使われ始めたにもかかわらず、さらに強力な変異ウイルスが増殖中という。一月七日に一一都道府県に発出された緊急事態宣言は、二月七日解除の予定が一か月延期され、いまも医療機関の崩壊が叫ばれ続けている。高齢者である私自身は不要不急の要件なき身とあって、ステイホームの毎日。三浦君がせっかく立派な論文集として出版してくれた本を改めて読み返し書評を書かねばと考え、春一番が例年より早く吹いたとのテレビ報道のあった日に、散歩に出た。寒風のなか思い当たったのは、まほろば賞を受賞した三人の論文に共通しているところは、「自覚」「生命」を第一とする教育者としての使命感であった。

一人目のD・バート君は「三つのポストを超えて――ポストモダン・ポストインダストリアル・ポストコロナ」と題し、「ポストモダンは思想学者に向けたものであり、ポストインダストリアルは経済の観点における議論が中心であった。ポストコロナは人々の生命を脅かすものであるとして、世界中の「日常」を変える衝撃であった」とする。ポストモダン・ポストインダストリアルはどれほど建築や都市に影響を与え、私達の価値観やライフスタイルを変えたかを知る者として、三段跳びのホップ・ステップ・ジャンプの如く、ポストコロナはさらに大きな影響を私達に与えるだろう。彼はベルギー人らしい世界観をもって、ポストコロナ社会を見通した。

「台湾で見たCOVID-19感染症」と題した台湾国立台北大学の王世燁君の論文は、台湾の歴史・民族・自然・風土を統括した上で、ポストコロナ時代にあって、台湾人らしい生き方の代表として、世界の人々が共鳴せざるを得ない説得力をもって「世界中の誰もがマスクを着用することで、人間が口を閉じる必要があることを暗示しているかのような今日、人間は地球の生態系のグループの一つに過ぎず、もはや地球の支配者であってはなりません。感染症の流行期間に多くの生態系の回復を振り返り、新しい世代を迎えるために更に謙虚な心を持つべきでしょう」。

「エネルギーとDXから考える分散・クラスター都市」と題した摂南大学の大橋巧君の論文は、日本の進路を明確に示したように思える。「オフィスビルや巨大工場等の職場に多くの人を詰め込む20世紀の都市モデルは、情報化社会ではその必要性は次第に薄れつつあったが、今回のCOVID-19の感染拡大は、そのことをわかりやすい形で人々に示した。幸い、進化したデジタル技術が人々の生活をよい方向に変化させるというDX（デジタル・トランスフォーメーション）の概念が一部実証された」。

3　東日本大震災に学ぶ

(1) 都市環境学の新しい課題

二〇一〇年十一月、アジア都市環境学会の第七回仙台大会後、アフターツアーバスで、多賀城跡から松島へ。中国や台湾の卒業生達と瑞巌寺や観瀾亭でのお抹茶のもてなしや円通寺のライトアップ庭園などを楽しむ。解散後、一人で松島から塩釜へ向かう途で美しい島々を見ながら、芭蕉の「おくのほそ道」ルートを通って、塩釜経由石巻を見物して気仙沼で泊まる。気仙沼プラザホテルは高台にあって、エレベーターでロビーに入るが、これは津波対策と知る。フロントから商工会議所編のガイドブックを借りて勉強する。当地の大津波死者は、明治二九（一八九六）年明治三陸地震津波の二万七一二二人、昭和八（一九三三）年昭和三陸地震津波の三〇〇八人、昭和三五（一九六〇）年のチリ津波一一九人等とある。この訪問から間もなくの二〇一一年三月

図9『日本は世界のまほろば』（中央公論新社、二〇一〇年）

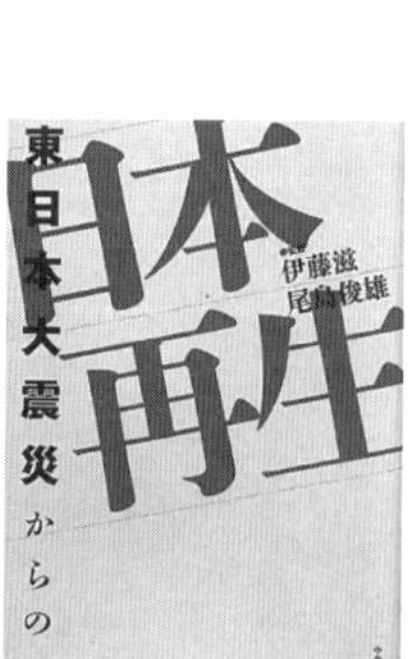

図10『東日本大震災からの日本再生』（中央公論新社、二〇一一年）

一一日の東日本大震災である。のちに、一緒に旅した中国や台湾の卒業生からは見舞いに加えて、義援金が送られてきた。

その前、二〇一〇年一〇月に『日本は世界のまほろば』を中央公論新社から出版した（図9）ばかりであった。それまでに筆者が日本各都市を巡り出版してきた『この都市のまほろば』シリーズ全七巻の総決算であり、二〇五〇年を展望しての日本の都市環境のあり方についての総論書である。その後、大地震と福島原発事故が起こった。同年六月、まほろばシリーズを発行してきた中央公論新社から、伊藤滋先生と共編著の『東日本大震災からの日本再生』（図10）を緊急出版すると同時に、これを英語・中国語・韓国語・台湾語に翻訳出版した（図11A〜C）。二〇一一年九月にアジア都市環境学会第八回大阪大会を開催。東京のバックアップシティとしての大阪の復権についてシンポジウムを開催し、各国の翻訳版を参加者に配布する。

その原著『東日本大震災からの日本再生』では、日本全国に分散した原子力発電所五四基に加えて、一四基を増設することで、二〇三〇年までに五〇％の電力を原発に依存しようとした国策に対する不信に加えて、日本全国の都市が完全に原発過酷事故時の影響下にあることをあらためて問うた。あわせて、『この都市のまほろば』シリーズで、人口比九五％もの都市を視察したつもりが、原発が実際に立地しているのは僻地の市町村であり、その市町村へは全く立ち入っていないことを知った。

原子力規制委員会が再稼働条件として掲げる、緊急時放射能からの防護措置を準備する原発立地から半径三〇キロメートル圏（国際原子力機関が事故時に周辺住民の被曝を回避する対策をとらなければならない範囲）には一三六もの市町村があり、九九〇万人が住んでいる。しかも、こ

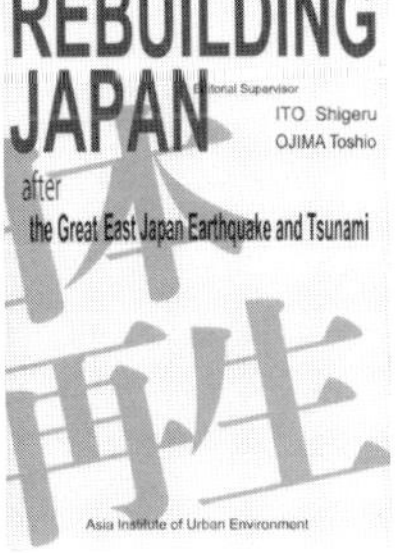

図11 A 同、英語版

B 同、中国語版

C 同、韓国語版

の多くは国立公園や国定公園に属し、風光明媚な景勝地に立地している。いまは多くが辺境の地であるが、歴史的には縄文時代から栄えていた土地が多く、一万年以上も平和で、「海の幸」「山の幸」に恵まれていたところである。日本の「まほろば」の多くは、他ならぬ原発立地周辺であった。

二〇一二年一月から三年間、立地から半径五キロメートル圏のＰＡＺ（Precautionary Action Zone。予防的防護措置を準備する区域、原発発生で直ちに避難）、三一市町村の全てと、三〇キロ圏のＵＰＺ（Urgent Protective action planning Zone。緊急防護措置を準備する区域）一三六市町村のうちの一二〇市町村を車で視察することになり、その状況を二〇一五年五月、中央公論新社から『日本は世界のまほろば２』として出版した（図12）。

以上の成果を報告する場としてＮＰＯアジア都市環境学会を活用し、二〇一一年から八年目の二〇一九年、第一六回大会を再び松島で開催した。大津波で多くの生命が失われた多賀城跡から松島・石巻を視察。東北電力の案内で、今度は女川原発の敷地内部を詳細に案内される（図13）。全長八〇〇メートル、高さ海抜二九メートルの防潮堤を三メートル、直径二・五メートルの鋼管で一二メートルの嵩上げが築かれていた。再稼働許可のため、三〇〇〇億円を越える投資というが、その努力と共に、女川の町が完全に一新していたのに驚く。原発立地とこれを支える周辺住民の生活環境を保証するための研究もまた、都市環境学の新しい課題になったのである。

（２）日本各地の処理施設問題

福島第一原子力発電所の事故から十余年、廃炉作業が始まった今日も一日四〇〇〇人もの作業員が働いている。二〇二一年二月の余震で震度六弱の揺れがあって、処理済みの汚染水タンク

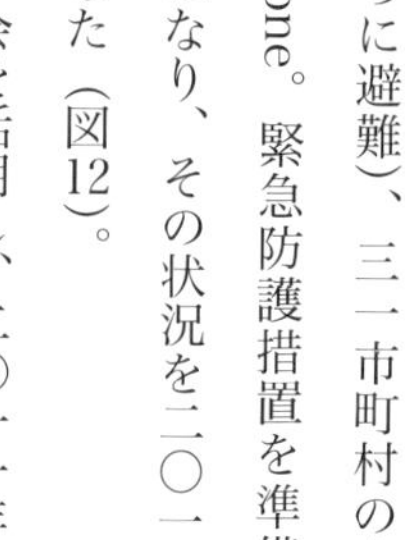

図12『日本は世界のまほろば２』（中央公論新社、二〇一五年）

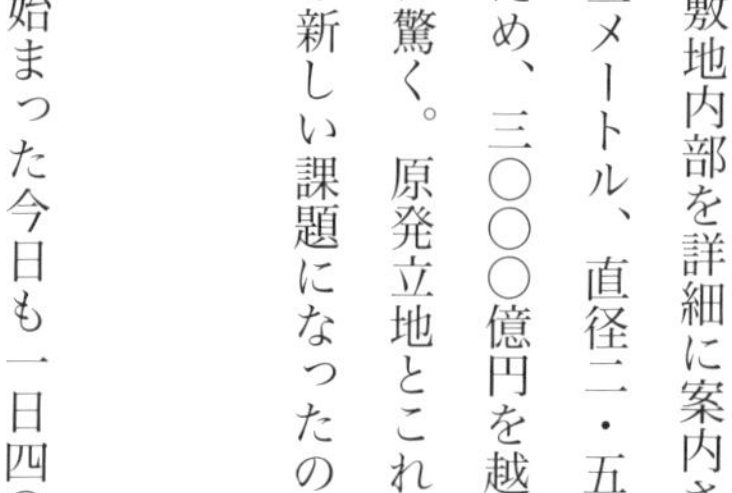

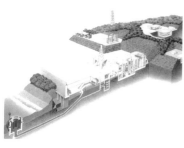

図13　原子力発電所の断面図（パンフレットより）

五三基に影響が出た上、格納容器の水位が低下したという。廃炉の過程でもどんな事故が起こるかわからない。二〇二四年に再稼働が予定されている東北電力の女川原発（二号機）の基準地震動は五八〇ガルであったが、一〇〇〇ガルに引き揚げる改修を行った。三・一一の際は五六七ガルで、本当にギリギリであった。

　東京電力の刈羽柏崎原発はいまも全面停止しているが、それでも数千人の人々がその維持管理に働いている。こうした施設は負のレガシーとして、その影響下にある人々の管理責任がある。静岡県の中部電力浜岡原発では、三・一一の事故停止から運転再開に向けて、三〇〇〇億円を投下して津波対策の鉄骨（とRCの複合構造）壁をT.P.一八メートルから四メートル嵩上げする等の安全策を進めている。図14は嵩上げされ築かれている浜岡原発防波堤の状況を示す。

　二〇二〇年五月一三日、原子力規制委員会は、日本原燃の再処理工場（青森県六ヶ所村）の安全審査で合格証を出した。稼働には六ヶ所村の同意が必要であるが。全国の原発から出る使用済み核燃料を再び発電に使えるウランやプルトニウムを商業的に取り出す国内唯一の施設である。一〇〇万キロワット級原子力発電所四〇基分に相当するウラン換算、年間八〇〇トンを処理できる。これが稼働すれば、全国に立地している原発からの使用済み核燃料の現地保存問題が解決できるという。しかしその後の新聞報道を見る限り、実際の活用は経済的にもなかなか困難な様子であるも、希望を持つべきか。

　現在、すでに全国の原発から集められた使用済み核燃料は約二九六八トン保管されている。本格稼働すれば、年間八〇〇トンの使用済み核燃料から約七トンのプルトニウムが回収できるとして、現在保存されている量からは二六トンのプルトニウムが回収できる。しかし、日本はすでに

図14　浜岡原発の嵩上げされた防潮堤

国内外に原爆約六千発分に相当する約四六トンのプルトニウムを保有している（ＩＡＥＡの試算により、原爆一発を八キログラムと換算）。プルトニウムとウランを混ぜたＭＯＸ燃料を燃やすプルサーマル発電をしているのは、今日再稼働した四基だけで、消費量は年二トンほど。可能性としては、一六〜一八基で、それでも年一〇トンほどとすれば、国内消費だけではバランスしない。

経済的に収支できない背景には、この施設が再稼働しなければ、いま保管している二九六八トンの使用済み核燃料が元の原発立地へ返されることになる。とすれば、この問題を追跡し続ける必要があることを原発立地住民と共に考え、行動する責任を再認識する。

原子力発電所の使用済み核燃料の廃棄保存にあたって、仮に他の道府県へ移動できない場合、現在の立地点で処分する必要が出てくる。そのときの管理は近くの神社を守護神として祀ることも大切に思われる。仮に国家鎮護と各地の安泰・反映を祈るための一宮を中心に、周辺原発立地と関係づけるとすれば、

1　東京電力の福島第一・第二原発は、宮城の塩竈神社（陸奥国一宮）
2　日本原電の東海原発は、鹿島神宮（常陸国一宮）
3　東京電力の柏崎・刈羽原発は、弥彦神社（越後一宮）
4　北陸電力の志賀原発は、気多神社（能登国一宮）
5　中部電力の浜岡原発は、事任八幡宮《ことのまま》（遠江国一宮）
6　関西電力の美浜・高浜・大飯原発は、気比神宮（越前国一宮）
7　中国電力の島根原発は、出雲大社（出雲一宮）
8　四国電力の伊方原発は、宇佐神宮もしくは柞原《ゆすはら》八幡宮（豊前・豊後国一宮）

9　九州電力の玄海原発は、住吉神社（筑前国一宮）
10　九州電力の川内原発は、新田神社（薩摩国一宮）

図15の大きな円は、原子力発電所立地二五〇キロメートル圏を示した。日本全国が原発過酷事故時の影響下にあること。その中心に「鎮守」すべき原発が立地している。これらの原発は、再稼働が許されれば、使用済み核燃料の処理処分が必要であり、廃炉と決定した原発もまた、低レベルであれ高レベルであれ、簡単に処分できる廃棄物ではなく、何百年、何千年、場合によっては何万年も、いまの場所で「鎮守」しなければならない。各地の一宮と原発立地の近接するところでは氏子兼務が期待される。周辺の縄文遺跡地から一〜二万年の保存可能性も予測されることから、これから一万年以上、高レベル放射性廃棄物の残存放射能が減衰するまで、各国一宮が鎮護する発想は、何かと神頼みの日本民族には必要に思えるのだ。

図15 原子力発電所を「鎮守」する

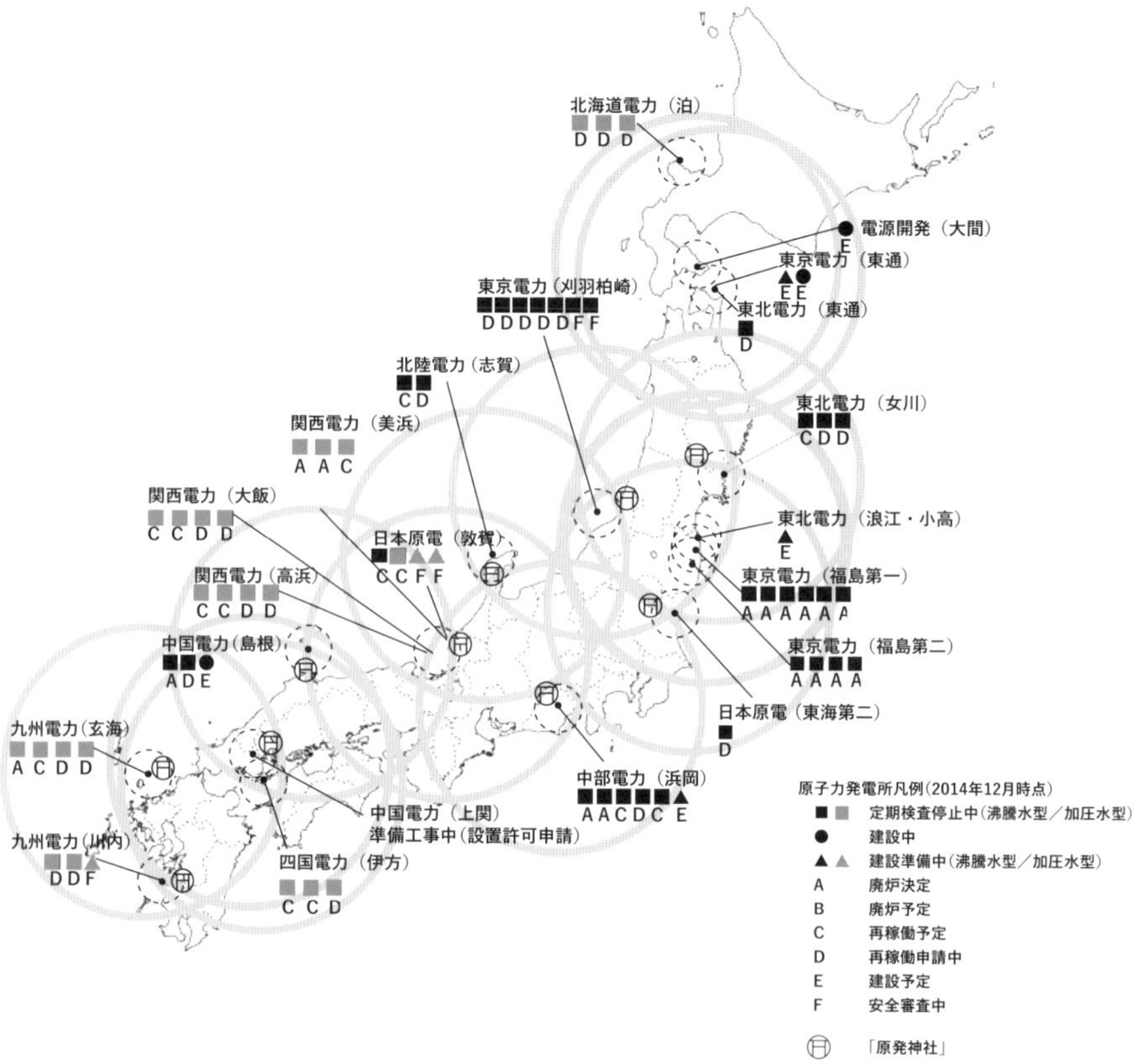

〔コラム〕東日本大震災のその後を歩く

二〇二一年四月一七日、福島第二原発の煙突が見えてきたので、手元の空間ガンマ線量計を見ると毎時〇・一〜〇・三マイクロシーベルト。大川原の大熊町仮庁舎で東北芸工大教授の三浦秀一君と待ち合わせる。

除染廃棄物は焼却処理などでの減容化を行う一方、除去土壌はフレコンパック（一㎥／袋）に封入された状態で仮置場に保管。これを最終処分するまでの一定期間（三〇年間）安全かつ集中的に管理・保管する。仮置場から約一四〇〇万㎥（二〇一九年七月の集計）の輸送開始で、二〇二二年までに終了予定。

当方の質問は、仮置場でのフレコンパックの劣化や焼却処分の現場状況や、仮置場・仮々置場・一時保管場・積み込み場・汚染土壌の濃度、可燃・不燃・減容化・焼却施設や焼却灰の保管・輸送方法の他、景観や公害対策、立ち入り禁止状況、中間貯蔵施設の詳細等々について学ぶことであった。

福島第一原発（F1）の処理水タンクの状況を視察せんとしたが、グーグルマップや新聞、テレビ等々で毎日のように報告されているので、周辺の空間線量も相変わらず高いこともあり「道の駅なみえ」に直行する。

F1処理水タンクの状況は、新聞報道によれば、初期一七〇トン／日から現在は一四〇トン／日、汚染はトリチウムのみなので「汚染水」から「処理水」と表現することになった由。

二〇二〇年頃には一〇六一基（一三七万トン貯水可、約一三〇〇トン／基）、二〇二一年三月時時点では九〇%が満杯濃厚。海洋放出は、処理水を大幅に希釈した上で実施。放出するトリチウムの年間総量は、事故前の福島第一原発の放出管理目標値（年

図16 福島第一原発の汚水タンク群（Google Earth）

間二二兆ベクレル）を下回る水準になるように行うとしている。タンクに保管している水のトリチウム度は、約一五万〜約二五〇万ベクレル／ℓ。放出期間は三〇〜四〇年としている廃炉期間内で相当程度の時間が掛かると想定。

国際原子力機関（ＩＡＥＡ）のグロッシー事務局長は日本の放出量は合法としている（表2）。二〇二三年七月、ＩＡＥＡが日本政府の海洋放出計画を承認。東電は最初の放出一日七八〇〇トンの処理水を海水で薄めて、一七日間連続して放出。二〇二三年度には三万一二〇〇トン放出予定。その後の実測で、予定以下の濃度であったが、中国・ロシアは日本からの海産物輸入を全面禁止の強行事態になっている。

浪江町「福島水素エネルギー研究フィールド」ＦＨ２Ｒ（二〇二〇年三月竣工）を視察。設置パネル六万八四二〇枚、二〇メガワット

表2 主要国のトリチウム年間放出量

国	施設	年間放出量（Bq）
イギリス	セラフィールド再処理施設	約 1,624 兆（2015）
フランス	ラ・アーグ再処理施設	約 1 京 3778 兆（2015）
中国	大亜湾原発	約 42 兆（2002）
韓国	月城原発	約 136 兆（2016）
カナダ	ダーリントン原発	約 495 兆（2015）
日本	福島第一原発	22 兆（2023）

の太陽光発電で一〇メガワットの水素製造装置、毎時一二〇〇N㎥の水素を製造する建屋（年間九〇〇トン）。

震災前六五〇〇人の飯舘村人口が、二〇二一年三月時点で村内居住者一四八一人（住民台帳では五二〇六人）で、殆どが七〇才以上とか。二〇二五年までに居住者を三〇〇〇人に回復するためには、当初、年間三〇億円だった村予算が震災後は二〇〇億円となったが、二〇二五年には一五億円（予測）と減額になるようでは、これからの生活は大変になること。新村長は浄土真宗の僧侶で、二〇二〇年無競争で当選、四四才の若さでなかなかに人気があるとか。長泥地区の土壌で栽培した花について議論。「NPOふくしま再生の会」では地元の山菜を独自に計測して食べている。

「風と土の家」はなかなか便利で、自給自足できるように間取りや部屋が配置され、増築も進んでいる隣に「学び舎ｉｒｏｒｉ」が建設されていた。

田尾氏の案内で東北大学の惑星圏飯舘観測所へ。仙台から遠隔運転されている巨大な電波望遠鏡に驚くと共に、天文台の光学望遠鏡はハワイに移設されたとかで、この天文台は村人により毎年星の観測会が開催されていたという。この建屋屋上から周辺が一望できる。国道三九九号は、いわき市では磐城街道と呼ばれ、いわき市から川内村、葛尾村を通り、浪江からの一一四号と交差し、飯舘村の長泥から飯樋の中央を通り、伊達市の月舘、さらに福島市から山形へ抜ける道である。この道こそ放射線に追われた人々が逃げた道である。天文台の屋上から遠望する限りでも、F1の水素爆発で放射能を帯びたプルームが風に乗って浪江方面から飯舘村へ国道一一四号の谷間から津島・長泥地区を直撃したことが想像できる。

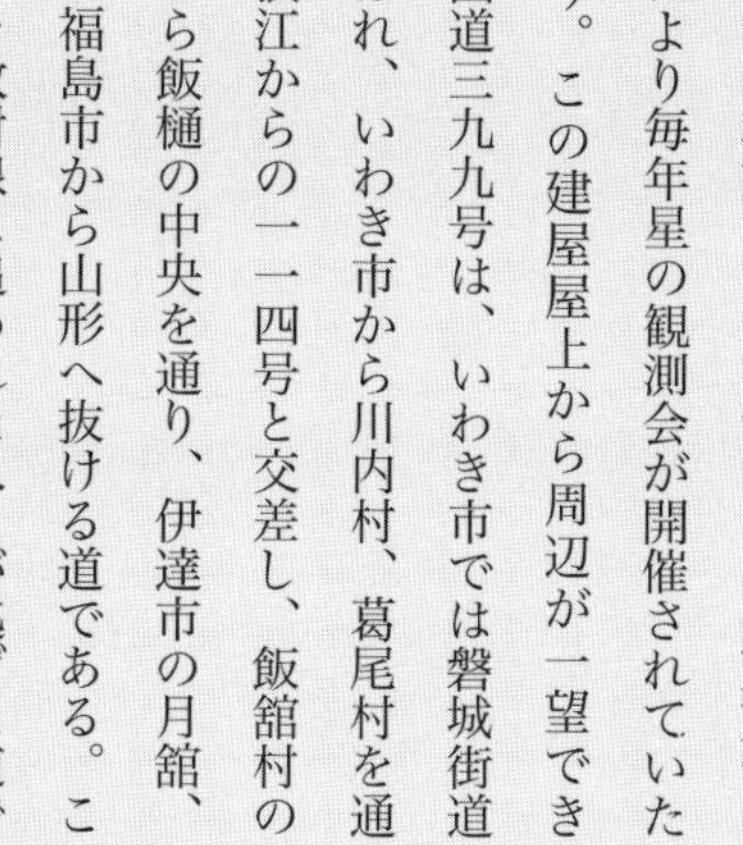

図17　FH2R（東芝エネルギーシステムズ（株））

F1から半径五・一〇・二〇キロメートルと同心円的に避難した住民たちに比べて、SPEEDIの情報があれば、五〇キロメートルでも汚染されたことから避難させるべき飯舘村住民への避難勧告が遅れたところだ。田尾氏が力説する三九九号の長泥から葛尾村へ抜ける「ロマンチック街道」と呼ばれる「阿武隈山なみの道」だけは、できる限り早く除染して開通させたいとの願いは、この場所に立ってはじめて理解できた。当日も吉野桜は満開で、本当に美しかった。特別立入許可証を持つ者だけが見ることができるこの「花の道」を除染することで、当地を明るくしたいとの田尾氏の願いがわかった。

その一方、現状は過酷である。国道三九九号と県道六二号の交差地区周辺の特定復興拠点事業の現場は、いまも高濃度の汚染土壌の処理・処分に追われての仕掛けの大きさに驚かされる。いまも一般の人々の目に見えない施設も、帰宅してグーグルマップを見ると、現地ではよく見えなかったフレコンバッグの山や海の如きソーラーパネルの広がり、点在する処理・処分施設の巨大な施設群を見ることができる。

その後、飯樋小学校や陣屋跡、飯舘村役場、道の駅から大久保さんの「マキバノハナゾノ」へ。水仙畑の素晴らしさに感動し、現地解散後、那須の鹿湯で一泊して帰宅する。

二〇二一年三月一一日の日経新聞に「福島県内外に避難する人は一〇年目になっても約三万六〇〇〇人に上る。汚染された表土を剥ぎ取るなどの除染が進み、避難指示は段階的に解除された。二〇二一年一月末時点で、旧避難指示区域（一一五〇㎢）のうち、まだ帰還困難区域（三三六㎢）が残る。

解除された地域ではスーパー等は順次開業、二〇二〇年八月には浪江町の道の駅がオープン、富岡町の県立病院には患者搬送用

図18 長泥地区（花の里）（立ち入り禁止区域）

図19 長泥地区（国道399号）（立ち入り禁止区域）

ヘリも導入された。しかし事故当時二万一千人だった浪江町の居住者は一六〇〇人ほど、大熊町は廃炉に携わる東電社員を含めても八六〇人と元の八%では町民サービスが維持できないという。双葉町の九六%が帰還困難区域で居住人口はゼロであるが、中野地区には国営の「東日本大震災原子力災害伝承館」の建設が進められている。

二〇二一年六月一〇日、ＪＲ仙台駅東口のトヨタレンタカー店でアクアに乗る。三陸自動車道で「石巻南浜津波復興祈念公園」に直行する。

石巻港ＩＣから石巻工業港（外港）を通過すると、日本製紙の煙突やバイオマスチップの巨大な山が現れ驚く。これまで旧北上河口の内港や漁港の被害のみに心を奪われていたが、工場地帯でも大きな被害があったことに気づく。

石巻南浜復興祈念公園は二〇二一年三月末に開園したものの、周辺は当時も整備中で、南端の雲雀野駐車場から徒歩で「みやぎ東日本大震災津波伝承館」へ。ＵＦＯの如きで、円形屋根の高さは六・九メートル。この地を襲った津波が到達したときの高さという一二分のビデオに改めて緊張。一丁目の丘(築山)の標高一〇メートルから、四〇ヘクタールの公園全体像と共に、四〇〇〇人の死亡者名が刻まれている。

何度か登った日和山の眺めは感無量。内海《うつみ》橋《ばし》（新設）を渡って石ノ森漫画館と旧石巻ハリストス正教会教会堂へ。すっかり解体・再築された市指定文化財として機能している旧ハリストス正教会の建物案内者と話し合う。中瀬公園周辺がすっかり変わったことについて、ボランティアガイドらしき案内者から贈られた二〇二一年三月改定の「いしのまき案内地図」やこの木造のハリストス教会が奇跡的に流されずに残ったこと、解体・再築された話を聞くにつけ、一〇年前同様、この公園のシンボルとしての石ノ森漫画館とこの小さな木造教会が、この地の大きなランドマークになり続けていることを実感する。

石巻駅から石巻マンガロードとして賑わった通りや石巻港線沿いの鮨店や料理店等が、津波の心配なき土地に移転したことを知り、一〇年前の料理店をスマホで調べると、新しい三陸自動車道のIC近くに見つける。昼食は割烹「浜長」のミニ海鮮丼、美味かった。

津波伝承館でのビデオや写真、展示品の数々から、津波の脅威と生命の大切さを教えられ、当地訪問毎に痛みが強くなることに気づく。R45（国道四五号）と併走し復興道路として十分に機能している三陸沿岸道路E45で気仙沼へ。

気仙沼の被害状況が一望できる場所に、市民を中心に建設されたという「陣山」の気仙沼市復興祈念公園は狭いところであったが、眺望は抜群であった。復興著しい港湾や新築された気仙沼湾横断橋（かなえおおはし）と大島への新橋も気仙沼市の新しい観光施設になっていた。その一方で、火攻め水攻めの地獄絵を展開した鹿折地区の災害復興住宅群は、何故か生気なく淋しく思えた。「陣山」直下で何度か訪ねた五十鈴神社の神明崎浮見堂前に、サッポロホールディングスの支援によって三代目となる恵比寿様の銅像が再建されていたのは嬉しかった。

NHKの朝ドラ「おかえりモネ」の舞台になった大島へ新しい気仙沼大島大橋（鶴亀大橋）ができていたので直行する。ロケ地はどの辺か分からぬまま、田中浜や浦の浜を見て、浦島トンネルと乙姫トンネルを結ぶ気仙沼大島大橋を再び通って、気仙沼湾横断橋へ。NHKスペシャル「あの日から八年　黒い津波」で、気仙沼湾のヘドロが津波の黒い水となって市民の命を奪ったという番組を見ていたので、状況を連想せんとしたが、ピンとこないほどに美しい湾景である。

この日に泊まった気仙沼プラザホテルからの夕日や露天風呂からの漁港はあまりに美しく、一〇年前、このホテルが体験した戦場の如き慌ただしさに比べて、この日はただただ静かで、美しかったのは、コロナ禍の週日であったからか。気仙沼漁港に並ぶ漁船群が全て真新しく、「禍い転じて福」となったように思われた。しかし内情は、地元民の生活苦が予想以上とあって、それどころではないことを、夜、マッサージ師に教えられた。夕膳や朝食に並ぶ地産地消の食卓の豪華さに驚く。少しでも地元復興に寄与すべくと、地酒の男山をしたたか飲んだ上、深夜のNHK BSテレビ「天安門事件三十年」の再放送を最後まで見てしまって、寝不足。

翌六月一一日、コロナ禍とあって大広間の朝食は二、三組。

E45で陸前高田市へ。見覚えのある気仙大橋を九時前に渡って、新設の国営追悼記念施設「高田松原津波復興祈念公園」入口へ。車のナビが開館は九時と告げたので、街中が高台に移転した大船渡線の北側、三〇〇ヘクタールもの土地を八メートル盛り土造成した新市街地へ、シンボルロードを走る。

BRTの陸前高田駅の広場に面した気仙大工の技や地場の素材を最大限活かして設計したという隈研吾氏の「まちの縁側」に入る。『気仙大工の家には必ず南側に縁側があるという意味で、ゼロからつくった嵩上げ地のまちの縁側南部、家でいえば「縁側」という意味』の巨大な木造公共施設である。当地を訪ねるすべての人に優しい拠点となる観光や福祉、子育て支援、市民の交流、相談の場として、二〇二〇年一月末にオープンした複合コミュニティ施設である。

「内藤氏の公園設計の主旨は、伝承施設と

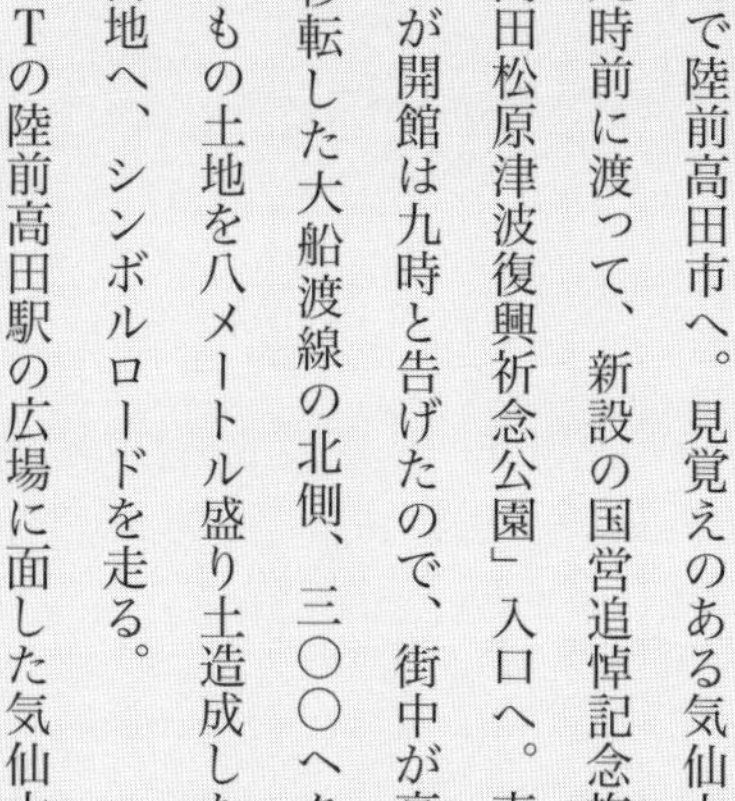

図20 高田松原津波伝承祈念公園

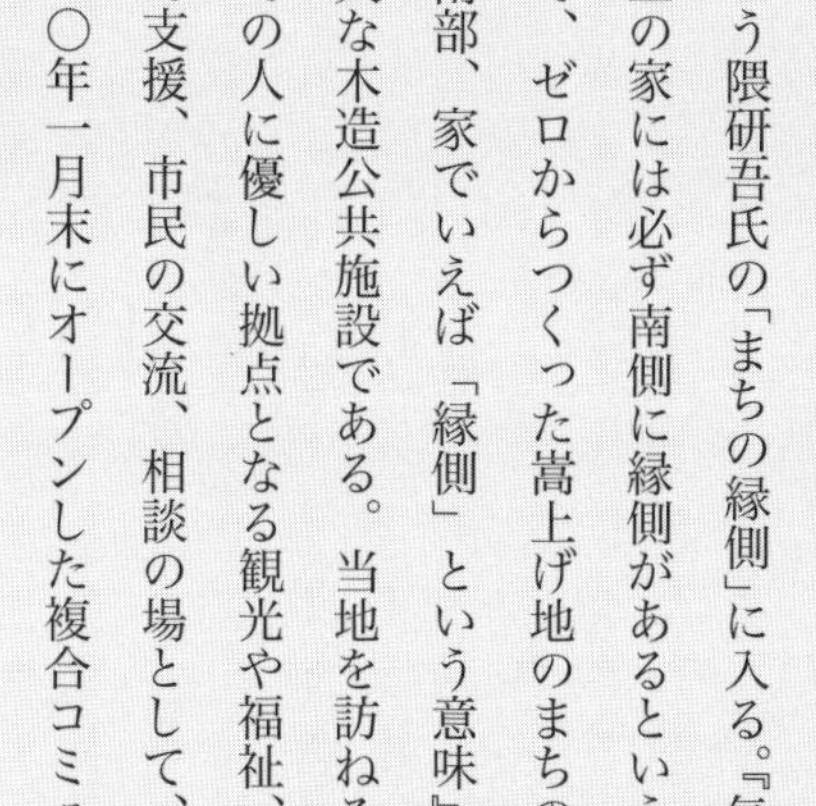

図21 石巻南浜地区津波復興祈念公園
（震災伝承ネットワーク協議会、Wikimedia Commons）

新しい道の駅を含む建物は全長一六〇メートルで、復興の軸の上にゲートのように配置されており、正面の壁には追悼の意を表すために、亡くなられた方たちの数である一万八四三四個の穴（二〇一八年三月一一日時点）が開けられています。海に向かう祈りの軸の線上には、手前に「鏡のような水盤」、緩やかに降りていったところに「式典広場」と「献花の場」、さらに防潮堤の上に「海を望む場」が設けられています」。

良くできたパンフレットで、この案内に従って現地を視察することにした。東日本大震災での津波対策に日本が国家予算の五〇％に相当する復興費を投下したのみならず、自然災害に対する体験を忘れないためのレガシーとする研究はこれからが大切である。

大船渡駅や盛駅の周辺は立ち寄りだけにして、「釜石市民ホールＴＥＴＴＯ」と千葉学氏の釜石市復興住宅を一見し、「幸楼」へ。一〇年前に市長や校長等との復興戦略を話し合った修羅場を想い出しながらの昼食。本田敏秋遠野市長や野田武則釜石市長も健在とあって、今日の復興と今後の市勢について話し合う機会を「幸楼」でいま一度話し合うことが出来ればと考え、早々に鵜住居駅へ。

鵜住居駅周辺の区画整理や駅から見える復興スタジアム、市民公会堂や小中学校の使われ方を考えると、新日鉄のような巨大産業拠点の必要性がいまさら不可欠に思えてくる。宝来館や大槌町文化センターもいま一度見たかったが、八戸までの道程を考え、宮古の田老堤防に直行する。田老観光ホテルの津波遺構や周辺の整備状況は、野田村で内藤廣氏が防潮堤を三線堤で構成するようにアドバイスした津波対策に比べて分かりにくい。

ＮＨＫ朝ドラの「あまちゃん」ロケで有名になった久慈市では、三陸鉄道の北リアス線の始発駅とＪＲ久慈駅に立ち寄る。すっかり当時の活気は消えて淋しき駅前と町並みになっていたので、八戸へ直行する。E45復興道路は一段と整備されて、BRTの路線の如き道を五〇キロ。三〇分もかからないで青森県の階上ICに到着する。海岸沿いのウミネコラインに入らんとしたところ、交通規制で大きく迂回させられる。2020東京オリパラの聖火ランナーが走っていたためだった。種差海岸やウミネコの繁殖地として知られる蕪嶋神社は七年前のまほろば取材時に見られなかっただけにゆっくりと散策、本八戸のドーミーイン本八戸へ。

四月と六月の東日本大震災後の状況視察を終え、国と東電の予算と内訳を調べてみた。その結果は、東日本大震災の復興予算は三二兆円で、その収入源は復興税で一二・四兆円（四〇％）、株売却他、予算のやり繰りで一六％となっている。福島原発事故処理は別途で、二一・五兆円、その収入源は電気料金の割増によるものである。

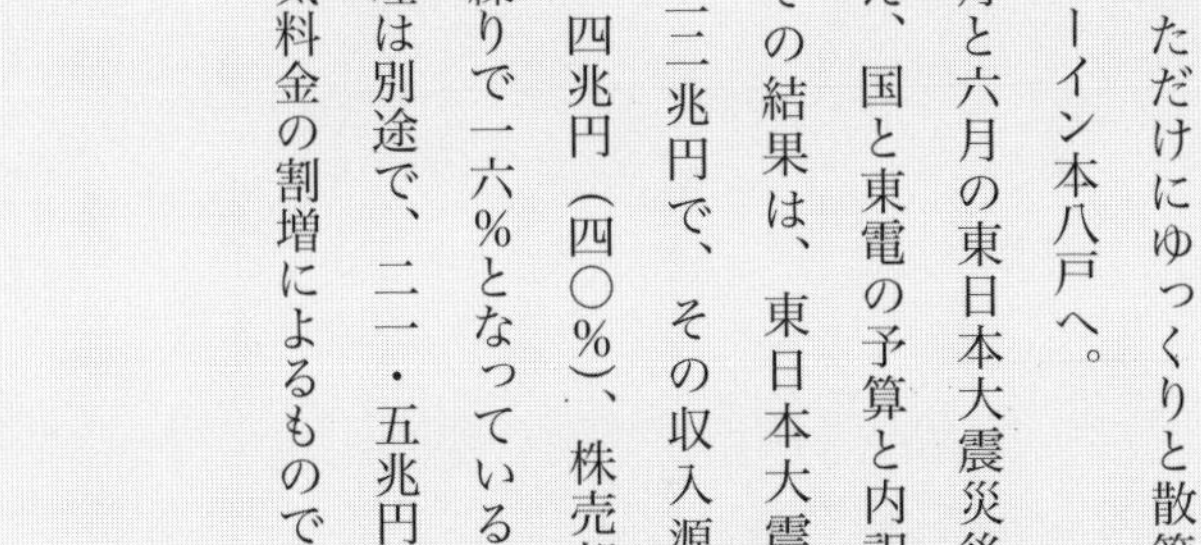

図22　福島県　東日本大震災・原子力災害伝承館（パンフレットより）

2

大都市の再生

気候とは「長期にわたる気象（気温・降雨など）の平均状態」、風土とは「その土地固有の気候・地味など自然条件・土地柄・地理・地質・生物相および住民の生活様式など種々の要因」と『広辞苑』に記されている。

和辻哲郎の『風土・人間学的考察』を第一に、第二に吉野正敏の『小気候』、私自身がこうした先達の書を参考に記した『熱くなる大都市』が第三の都市環境づくりの原点。

『風土』の解説（谷川徹三）によれば、和辻が昭和二（一九二七）年に文部省在外研究員としてヨーロッパに出発した船の中で同じ京大の助教授である大槻正男氏から、ヨーロッパには雑草がないという驚くべき事実を教えられたという。自然から切り離されても美しさを保つ西洋庭園と比較して、日本の庭園は借景をベースに自然の一部としてつくられていること。日本庭園をヨーロッパ型にすれば、どれほど雑草や風雪に対する手間が必要かを考えればよくわかる。庭園芸術のあり方から、気候・風土の違いは、どれほどその土地の風土に依存しているかが理解される。

吉野の『小気候』では、ローマの代表的建築家であったヴィトルヴィウスが「健康的な土地は小高い位置で、そこには霧もなく、霜もない。また斜面の方向、沼沢地や湖沼・海岸との関係も考慮しなければならない。……また、都市の中央で風の八方位を定め、大路小路は、それぞれの風の中間の角に向けなければならない。さらに、神殿や広場の位置は、その次に選択されるべきだ」と述べたという。古代インドでも、村落計画についてのマーナサーラには、「幹線道路は日時計によって東西南北に配列し、その中心に広場をおく。東西道路は帝王の路と呼び、太陽が朝から晩まで照らして浄化し、南北道路は換気をよくし、涼風の恵みを住民に与えた」と書かれている。当時の「風の道」である。

章扉写真／尾島怜子撮影

日本の建築様式は、夏を旨としてつくられた。かつて熱帯夜はなく、日本中の全国三百余藩の自立した城下町は、それぞれの気候風土に調和した町づくりを完成させ、参勤交代で大名は二地域居住を強いられ、五街道や宿場町が完備し、点から線、線から面へと日本の生活様式が全国に形づくられた。地域循環共生圏構想が達成されていた時代であろう。今日の建築様式や生活様式を考えると江戸時代に戻ることはできないが、江戸時代の気候・風土をできる限り蘇生させながらのバーチャル体験をすることによって、新しい都市環境学を開かねばならない。

1　巨大災害への対策

一九八九年十一月、横浜市政一〇〇周年と開港一三〇周年の節目に、伊藤滋教授を中心に横浜国際都市防災会議が開催された（図1）。その特別講演で、世界最大の保険会社であったロイズのアンソニー・テイラー氏（アンダーライター）から、東京直下地震に対する再保険について、受けられる会社はとても世界中で見当たらないことを教えられる。東京圏の総生産（一九八九年当時）は七三〇〇億ドル、日本のGNPの三〇%でイギリスのGNPを超えていること。国土庁の被害想定額は六七〇〇億ドルになること。懇談会で湾岸戦争に再保険を掛けることはあっても、東京の直下地震には再保険は考えられない規模との発言に驚く。

一九九三年九月、東京大学地震研究所の溝上恵教授は、地震予知連絡会委員として監修した『大地震が東京を襲う！』（中経出版）で南関東直下型地震が起きたときの被害シミュレーション、①地下鉄、②木密地、③高層ビル、④ウォーターフロントの津波と余震、⑤高速道路等は立地により有効な避難方法を示したがあまり話題にならず、一般社会への影響は少なかった。

その結果として、一九九五年一月十七日の阪神・淡路大震災で六千余名が建築物の倒壊や火災犠牲となった。このことが動機で、日本建築学会の会長選に出馬し、一九九七年一月から翌年一二月までの二年間、学会長を務めることになった。その選挙公約の第一に「安全と安心に関する総合的な学会基準の作成」、第二に「地球環境への行動指針の作成」等を提言して、その公約実行第一ステップとして、COP3での学会提言。* 建築基準法の安全基準については、建築学会

図1　横浜国際都市防災会議（一九八八年）

* 建築分野における生涯二酸化炭素排出量を新築では三〇%削減、二酸化炭素排出量の削減のためには，我が国の建築物の耐用年数を三倍に延長する見解を発表した

のみでは力不足を実感して、日本学術会議の会員である伊藤滋教授や民間企業の方々に相談する。

その具体的行動として、一九九八年一〇月日本建築学会の「アーキテクチャー・オブ・ザイヤー展」の実行委員長であった三宅理一先生からのプロデューサー要請を受ける。尾島研究室を総動員して「首都東京のパラダイムシフト」と題して、一九九八年一〇月二七日〜一一月八日、新宿のNSビルで四万人もの来場者に「東京都民の安全・安心はいかに危機的状況に置かれているか」について模型やシンポジウム・座談会を通して伝達、さらには彰国社から『環境革命時代の建築 巨大都市東京の限界と蘇生』（一九九八年）と『都市居住環境の再生 首都東京のパラダイムシフト』（一九九九年）を出版した。このときの提言は七項目、

第一「心」…都心の居住環境の拠点を大深度地下ライフラインで結ぶ
第二「点」…ドミノ災害を防止する救援拠点広場の確保
第三「線」…クールアイランドを創出する河川の再生
第四「面」…木造密集住宅地の事前復興計画
第五「超」…超法規的ハイパービルによる新都市計画
第六「歴」…東京の歴史と文化を継承するランドマークを保全する
第七「遷」…首都機能移転による東京再生は最後の手段である

以上、七つの提案について、六十余人の有識者の意見を聞いて、大方の賛同を得ると同時に、多くの問題点の指摘も受ける。

図2『環境革命時代の建築』（彰国社、一九九八年）

図3『都市居住環境の再生』（彰国社、一九九九年）

一九七〇年代の大阪万博以後の日本の高度経済成長とオイルショックの重なる頃、ＳＦ作家の小松左京が『日本沈没』を出版、大きな反響を呼んだが、その仕掛け人とも思われている東大の竹内均名誉教授は、科学雑誌『ニュートン』の二〇〇一年二月別冊号で「巨大地震」を発刊。各地の被害状況について詳細に図解することで、全国に相当の影響を与えた。

二〇〇〇年七月から伊藤滋教授に代わって日本学術会議の会員となったことから、建築基準法による既存不適格問題を検討していた際、二〇〇三年三月のミュンヘン再保険会社の「東京・横浜の危険度指数」の報告に直面した。"Topics Annual Review Natural Catastrophes"で世界の大都市危険度指数を算出。これによると、東京・横浜が七一〇で一位、二位サンフランシスコ一六七、三位ロサンゼルス一〇〇、四位大阪九二、五位マイアミ四五、六位ニューヨーク四二、七位香港四一、八位マニラ三一、九位ロンドン三〇、一〇位パリ二五。

早速、二〇〇三年一〇月から日本学術会議に新設された「大都市を巡る課題特別委員会」の委員長として、二〇〇四年六月まで一七回の特別委員会を経て、二〇〇五年四月十九日の第一四四回総会で「大都市における地震災害時の安全の確保について」勧告を出すことを決定した(図４)。この成果は早速、当時の小泉純一郎総理に直接手渡され、重く受け止めるとの挨拶で、私の学術会議会員としての役目を終了する。このときの提言主旨は、

① 地震防災上の最重要課題として、既存不適格構造物の耐震性強化（耐震補強）及び危険な密集市街地の防災対策の推進のため、必要な法改正をはじめ抜本的な対策を立て早急に実行に移すべきである。

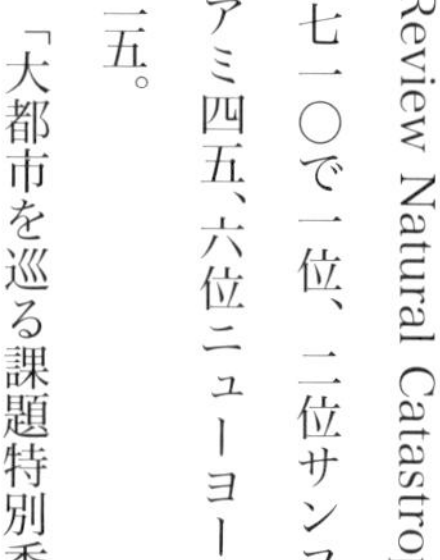
勧　告

大都市における地震災害時の
安全の確保について

平成１７年４月

日本学術会議

図４ 勧告「大都市における地震災害時の安全の確保について」（日本学術会議、二〇〇五年四月）

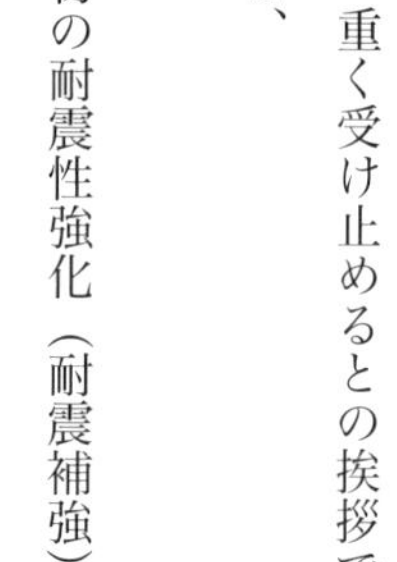
声　明

生活の質を大切にする大都市政策への
パラダイム転換について

平成１７年４月５日
日本学術会議

図５ 声明「生活の質を大切にする大都市政策へのパラダイム転換」（日本学術会議、二〇〇五年四月）

②大規模化・複合化する都市地下空間について、地震をはじめとする災害に対する統合的防災基準及び危機管理体制を確立することが必要である。

③大都市の広域災害時における安全確保対策として、病院船の建造や感染症対策等の救急医療体制、また、情報・通信インフラ、大深度ライフラインによる重要業務集積地域への支援体制、及び広域災害時の防犯対策などを早急に整備する必要がある。

③の病院船については後に新潟県の泉田裕彦知事（当時）が検討したが、他の感染症対策の救急医療体制、情報・通信インフラ、大深度ライフライン、広域災害時の防犯対策の重要業務集積地域への支援等について今日に至るも実行される気配はない。ただ、病院船については二〇二四年七月時点で、岸田政権は同年一二月までに閣議決定する見通しという。

二〇〇八年一月の早大最終講義でも、東京の安全・安心について「未完の『プロジェクトX』の安全・安心の建築や都市づくりについて講義すると共に、東京の大深度地下ライフラインの研究や、二〇〇五年七月の中央防災会議「首都直下地震専門委員会」の報告から、ライフラインのルートに関して産官学の研究会をDHC協会*で発足する。

二〇〇九年二月、（一財）国際開発センター（IDCJ）の品川正治会長を座長に、佐土原聡横浜国大教授ら一五人の委員会で、東京の安全性に関する声明「安全街区構築の推進」を出し、関係機関に送付する（図7）。

二〇一一年三月、東日本大震災と福島原発事故発災に直面して、二〇一一年六月に伊藤滋教授と共同で編集したのが『東日本大震災からの日本再生』（中央公論新社）である。

大都市をめぐる課題特別委員会報告

大都市の未来のために

平成17年6月23日
日本学術会議
大都市をめぐる課題特別委員会

図6 報告「大都市の未来のために」（日本学術会議、二〇〇五年六月）

声明

東京の安全性に関する声明
－安全街区構築の推進－

2009年2月

図7「東京の安全性に関する声明—安全街区の構築の推進」（二〇〇九年二月）

*（一社）都市環境エネルギー協会（旧日本地域冷暖房協会）

この大災害を体験して、日本政府は二〇一三年一二月、「強くしなやかな国民生活の実現を図るための防災・減災等に資する国土強靭化基本法」を公布・施行。これを受けて、地方公共団体において「国土強靭化地域計画」が策定された。二〇一一年三月の東日本大震災から得られた教訓から、事前防災及び減災、その他、迅速な復旧復興に資する施策を実施するための法律である。

二一世紀に入って、東日本大震災以降、二〇一六年の熊本地震など、巨大地震や津波・高潮等々、特に国土動乱の時代に至った様子である。南海トラフや首都直下地震が起きる確率もいよいよ高くなり、土木学会ではこの被害は経済的スケールで、国家存続の危機すら起こり得るとの予測を立て、六〇％の減災計画の提案を行っている。このような状況下、安倍政権は何度も閣議で国土強靭化計画を決議している。図８に示す国民の安全・安心に寄与する自然災害からの防止策として、地方自治体の総合計画こそ、最も直接的で、身近な国民の支援策と考えられる。この地方自治体の総合計画を支援しているのは、第一に、国連が二〇三〇年代のアジェンダとしてＳＤＧｓ（持続可能目標）の提言である。日本のみならず、地方自治体がＳＤＧｓを遵守することを義務づけている。

大地震などの激甚災害に対しては、国土強靭化基本計画による内閣府の所轄で、地方自治体はこれに対して地域強靭化計画をつくる。具体的には、

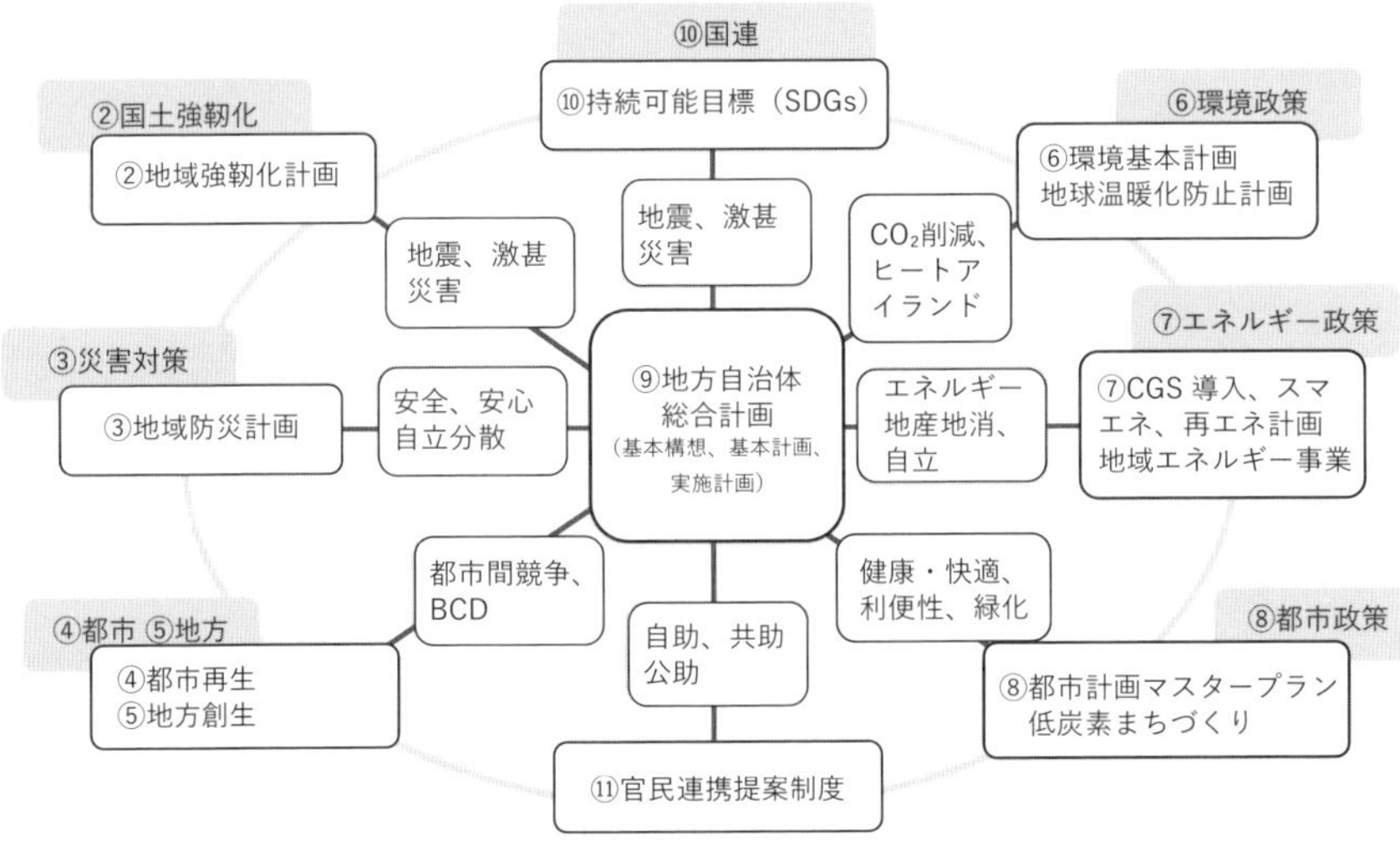

図８ 国民の安全・安心に寄与する自助・共助・公助への支援策

安全・安心の担保として、災害対策基本計画の下に地域防災計画と災害救助法が厚労省から二〇一一年以降、内閣府の下に設置された。災害発生以降のこうした政策に対して事前立法とも考えてよいのは、都市再生や地方創生（ひと・まち・しごと創成法）による都市再生緊急整備地区の指定であり、ＢＩＤ*（業務継続地区）や安全確保計画地の指定である。新しいインフラ支援策によって、世界の都市間競争時代に備えての都市政策である。

具体的に記すと、①都市分野では、電気・ガス・上下水道・通信等の耐災害性の強化、飲料水等の備蓄、代替機能の確保、各省庁より災害時の的確な情報提供・帰宅困難者・避難者の安全確保他、②エネルギー分野では、エネルギーサプライチェーン全体の強靭化策、石油備蓄や供給能力の強化、石油コンビナート等の減災、ＣＧＳや自立分散電源の確保等々、③情報・通信分野では、社会インフラの相互依存性を前提として、「見える化」を図る。非常時の情報伝達手段の確保策として、官民が保有する情報通信インフラの相互連携等について検討する。地域全体の災害対策としての電力・通信ネットワークの耐災害性を向上させ、予備電源等の燃料備蓄の整備等々。

日本列島で起きる災害（暴風・豪雨・洪水・地震・津波・噴火・その他、異常な自然現象または大規模な火事もしくは爆発）のたびに、前述の法律が改正され続けている。災害は、国富を著しく減じることから、防災や減災に多額の国費が、毎年のように投下される。そのため、事前に予知し、対策を講じるための投資もまた、国富を創るものと考えてよかろう。

首都直下地震が三〇年以内に起きる確率が七〇％と推定されるところから、阪神・淡路大震災の教訓に学んで、東京都は「市街地の事前復興の手引き」を策定。「防災都市づくり」と「事前復興」の取り組みを東京都地域防災計画に盛り込んできた。

* Business Improvement District（市街地活性化手法）

二〇一三年「大規模災害からの復興に関する法律」により、予算のなかった地方自治体の復興計画が法的に認められた。東京都は市街地の事前復興の必要性や具体的取り組み方、地域レベルでの事前対策の強化を支援し、区市町村の復興担当者に復興マニュアルの作成や訓練の活性化についての成果を求めている。二〇一八年六月、「南海トラフ巨大地震が起きたあと、長期的に一四一〇兆円に上る経済被害が出る」と土木学会の委員会が公表した。この報告者は「減災」という言葉を提起した河田惠昭京大名誉教授である。「災害が起きることを前提として、耐震や防火、訓練、復興について、あらかじめ対策をしておけば文理融合型の減災を可能にする」と主張している。南海トラフ地震や首都直下地震などの「国難の危機」に直面していることに対し、土木学会が総力を挙げて研究し、対策を検討した結果、国を挙げて十分なレジリエンス（強靭性）を確保する必要性を具体的に示したものである。

この「国難」をもたらすという巨大災害対策についての技術検討報告書*では、「長期的な経済被害」と公共インフラ投資による減災効果を示している（表1）。

本報告はこのような国難と呼びうる致命的事態を回避し、巨大災害に遭遇してもその被害を回復可能な範囲にとどめうる対策、すなわち国土のレジリエンス確保方策を示そうとするものである。そこでは過去の大災害のもたらした長期的影響を調査し、これをもとに今後起こりうる巨大災害のもたらす被害を推計し、それを減ずるに必要な対策とその経済的効果を示し、対策の早期実施を求めている。

……なお、本報告は考えうるすべての巨大災害とそれへの対策を扱っているものではない。

* 平成二九年度会長特別委員会 レジリエンス委員会報告書「『国難』をもたらす巨大災害対策についての技術検討報告書」（土木学会、二〇一八年）

現象は余りにも膨大であり、一方我々のもつ能力や時間は限られている。そのため本報告では巨大災害としては、首都直下地震、南海トラフ地震、三大湾の巨大高潮、三大都市圏の巨大洪水のみを検討対象とし、また対策、そしてその効果の推定も、堤防、道路等公的インフラストラクチャーの整備、増強に限定している。

……今回の被害推計の特徴は「長期的な経済被害」を推計している点にある。これまでの検討では、長期的な国民所得・国民総生産の低迷効果は十分推計されていなかったが、今回は過去の大災害の被害状況を実証的に踏まえつつ、長期間（地震については二〇年、水災害については一四か月）の経済低迷効果をシミュレートすることを通して、経済被害を推計している。

2　東京都心の再生

（1）「風の道」づくり

一九六四年の東京オリンピックを機会に、東京はすさまじい勢いで建設ラッシュが起こった。その先陣を切って東京駅や霞が関ビル（一九六八年）を設計するにあたって、早稲田大学井上宇市教授に随行してニューヨークやシカゴを訪問した。当時、東京駅の超高層化計画が検討されていた。

エンパイア・ステートは別格として、ミノル・ヤマサキのワールド・トレード・センター（WTC）とヴァルター・グロピウスのパンナムビル（図9、一九八一年にメットライフ・ビルに名称が変更）が調査対象になった。井上教授の研究テーマは空調技術であったが、私の関心は

表1　巨大災害の被害推計と公共インフラ対策による減災効果

	経済被害	資産被害	財政的被害	減災額(減災率)	対策内容(合計事業費)
地震・津波	(20年累計)		(20年累計)	(20年経済被害)	
南海トラフ地震	1,240兆円	170兆円	131兆円	509兆円(41%)	道路,港湾/漁港,海岸堤防,建築物耐震強化(38兆円以上)
首都直下地震	731兆円	47兆円	77兆円	247兆円(34%)	道路,港湾/漁港,海岸堤防,建築物耐震強化(10兆円以上)
高潮	(14か月累計)		(14か月累計)	(14か月経済被害)	
東京湾巨大高潮	46兆円	64兆円	5兆円	27兆円(59%)	海岸堤防(0.2兆円)
大阪湾巨大高潮	65兆円	56兆円	7兆円	35兆円(54%)	海岸堤防(0.5兆円)
伊勢湾巨大高潮	9兆円	10兆円	1兆円	3兆円(33%)	海岸堤防(0.6兆円)
洪水	(14か月累計)		(14か月累計)	(14か月経済被害)	
東京荒川巨大洪水	26兆円	36兆円	2.8兆円	26兆円(100%)	河川インフラ整備(計9兆円)
大阪淀川巨大洪水	7兆円	6兆円	0.7兆円	7兆円(100%)	
名古屋庄内川等巨大洪水	12兆円	13兆円	1.3兆円	8兆円(66%)	

都市環境の面から超高層ビル群のスカイラインやライフライン研究であった。WTCはハドソン川から冷却水を導入する工事をしており、パンナムビルはマンハッタンの風の道を遮断し、ヒートアイランド現象を助長しているということだった。

マンハッタンの中央駅（東京駅に相当するグランド・セントラル・ターミナル）は一九一三年に完成したボザール様式の歴史的建造物である（図10）。二〇一三年に駅舎生誕一〇〇周年を迎え、のちに二〇一四年には辰野金吾設計の東京駅駅舎生誕百周年と、日米を代表する両駅が世界で初めての姉妹提携を結ぶ。その中央駅は二層式地下駅（上階四一線、下階二六線）で、駅舎もマンハッタンのスカイラインにあって、低層で建設されていた。その上、アクセス道路は、この駅周辺を囲むようにパーク・アベニュー（図11）をループ状に左右に車線を分けているため、車の交通や風の道を遮断することはなかった。

しかし、このループの中央に一九六三年、バウハウスの校長で世界的建築家であるヴァルター・グロピウスが、当時世界最大の航空会社であるパンアメリカン航空の本社ビル、パンナムビルを設計した。地上二四六メートル（五九階建て）、二九万二〇〇〇平方メートルの巨大な超高層ビルがマンハッタンでも最も交通の多いパーク・アベニューと四四番街のグランド・セントラル・ターミナル真正面に隣接して建設された。

私達が訪問した一九六五年の夏は、ニューヨークの水不足もあって、冷房の冷却水が止まって、カーテンウォールの近代建築は全て休館。ヒートアイランド現象が大きな話題になっていた。その原因として、風の道を遮断するパンナムビルのことも問題になり始めていた。特にマンハッタンでも最も広い南北通りのパーク・アベニューは「風の道」で、パンナムビルは、見事にそれを

図9 パンナムビル（現メットライフビル）

図10 グランド・セントラル・ターミナル（Original photography & stitching by Diliff, horizontal correction by Janke, Wikimedia Commons）

完全に遮断していた。東西の四四番街も同様であった。

この実態を学んだことから、マンハッタンのヒートアイランドほどには風の道として大きな影響は与えないまでも、東京駅を超高層化することには反対することになった。幸い、赤煉瓦の旧東京駅は辰野金吾設計の歴史的記念物として、のちにニューヨークの中央駅と同様、再生することになった。

その後、東京駅八重洲口側の駅ビルである大丸デパート建て替えが課題になった際、当時中央区のまちづくり協議会会長職にあった私は、大丸有（大手町・丸の内・有楽町）地区協議会のアドバイザーをされていた伊藤滋先生の支援、さらには東京都知事らの協力で、八重洲口側の大丸も両サイドに分棟して建設し、八重洲通りから行幸通りを通り、皇居に抜ける「風の道」を形成するよう要請した。

過密な大都市のヒートアイランド緩和対策には、連続したオープンスペースを設けて地上付近の通風・換気を行う「風の道」づくりが不可欠である。東京都心の場合、都市計画の対策として図12に示すよう「風の道」を分類している。東京湾から大規模河川に流れ込む一級の「風の道」として荒川、隅田川、多摩川。都市の中の連続する河川。道路を二級として日本橋川、行幸通り、八重洲通りなど。緑地からのにじみ出しを活用する三級としては明治神宮、新宿御苑、皇居周辺としている。[*] こうした自然環境インフラストラクチャーの保全こそが、過密な都心部のヒートアイランド対策には不可欠であり、そのために「東京ウォール」と呼ばれるような高層ビル群による「風の道」を遮蔽する都市づくりをさせてはならない。

二〇〇五年、筆者が委員長である「日本橋・大丸有地区周辺におけるヒートアイランド対策検

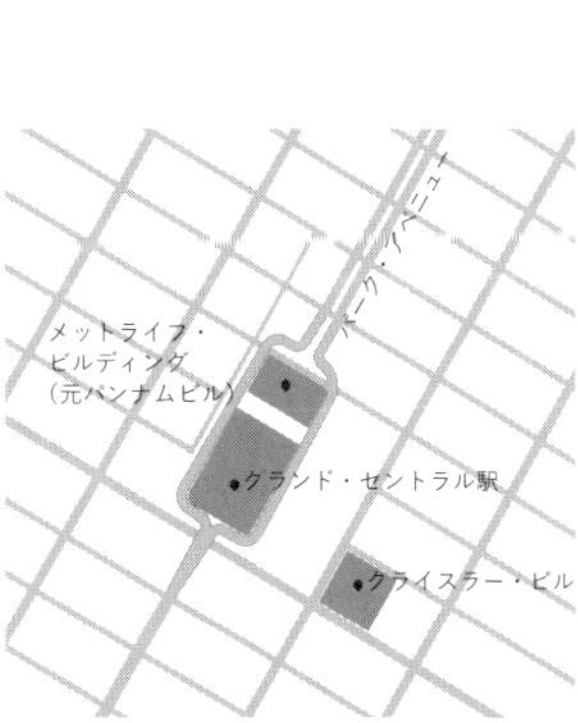

図11 パーク・アベニュー

討委負会」では、実測結果から日本橋川の再開発が行われた場合、地表付近の体感温度が約四〜五度低下すると検証した。また、丸の内側と八重洲側の上部が連続するオープンスペースが実現されたときに、上空が「風の道」として機能するか、ヒートアイランド現象にどのような効果を生み出すかを観測し、シミュレーションを行った。図13に再開発前と再開発後のイメージ図を示す。

東京駅を挟んだ八重洲通りと行幸通りが連続する「風の道」は、二〇年以上かけて計画されてきた。東京駅前を中心とした再開発では、東京駅を中心に一五〇〜二〇〇メートル級の高層ビルへ建て替えられ、八重洲側の駅ビル（大丸デパート）は解体、二〇〇七年、高層ビル二棟に分けて建て替えられた（図14A〜C）。また二〇一二年にはかつて戦災で失われた東京駅の三階部分や南北のドームが復原されている。再開発前後は、東京湾からの「海風」が八重洲通りから、東京駅のプラットホームを超えて、行幸通りに抜け、皇居まで結ぶ一定の風の流れが現れている（図13D）。

また、日本橋川の首都高速自動車道の高架道路は、景観のみならず日本橋川の「風の道」を遮断しており、その撤去が長らく望まれていた。一九六四年東京オリンピック・パラリンピック時に建設されたものだが、第二回目の五輪となる、二〇二〇東京オリ・パラを機に撤去が計画され、二〇三〇年頃までには局所的に撤去される予定である。

（2）銀座再開発——構想の変遷

一九八三年四月、銀座通連合会*の再開発委員会の顧問として銀座まちづくりに協力することになった。私の研究室では、早速「カラスとネズミとゴミ問題」を卒論生のテーマにして、昼夜、

＊国土交通省国土技術政策総合研究所「ヒートアイランド対策に資する『風の道』を活用した都市づくりガイドライン」二〇一三年

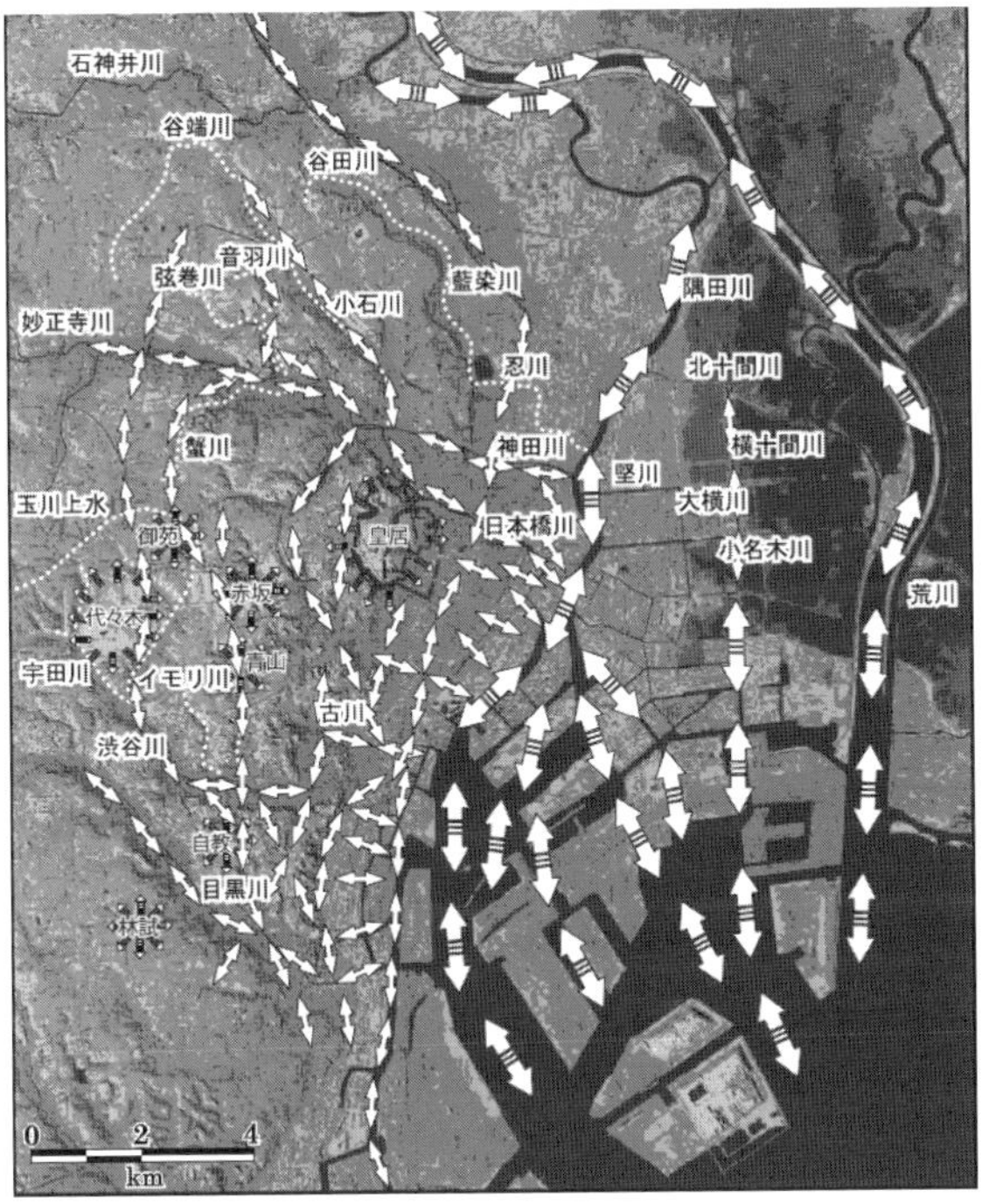

図12　東京臨海・都心部の「風の道」（シミュレーションを活用した都市スケールの対策方針図の例）。国土交通省都市局都市計画課「ヒートアイランド現象緩和に向けた都市づくりガイドライン」二〇一三年）

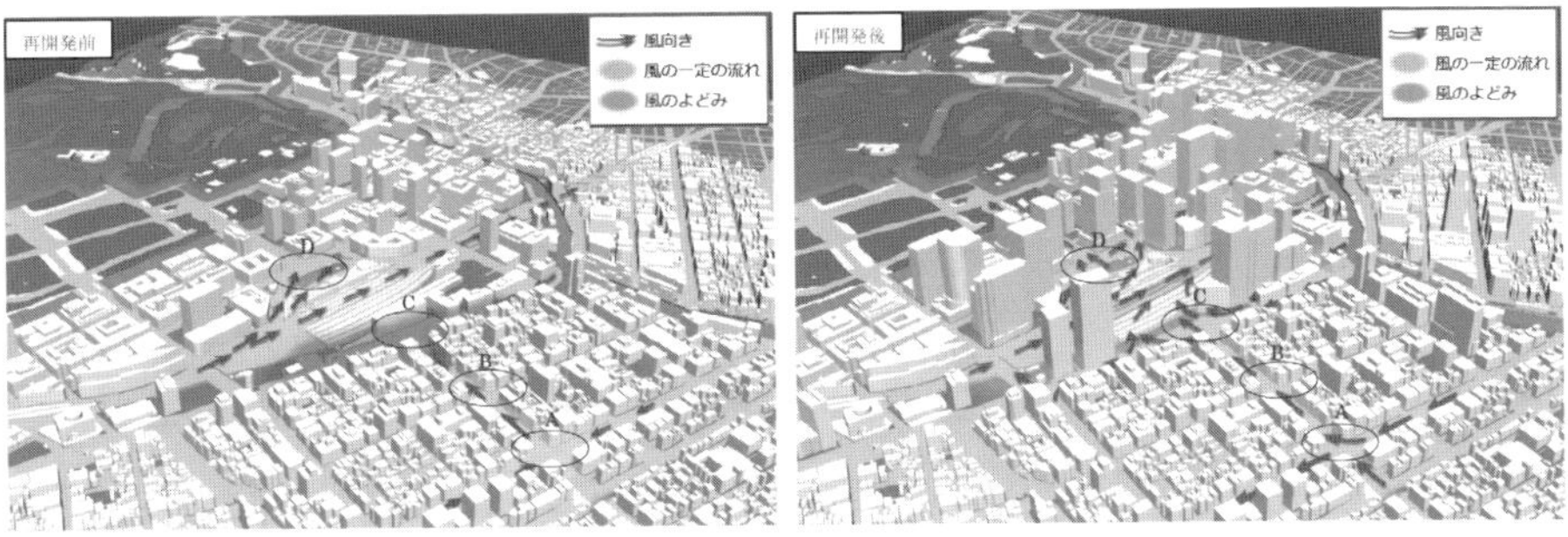

図13　丸の内・八重洲地区の「風の道」イメージ。手前A（八重洲通り）側からD（行幸通り）（国土交通省国土技術政策総合研究所「ヒートアイランド対策に資する『風の道』を活用した都市づくりガイドライン」二〇一六年）

図14　A　東京駅前の行幸通りから皇居を望む

B　行幸通りから東京駅丸の内口を望む

C　東京駅八重洲口

D　八重洲通りから行幸通りに抜ける「風の道」（点線）©Google map

騒音や美観、賑わい、治安等の環境問題を中心に調査すると共に、消防や警察、老舗のご主人から相続対策等についてヒアリングを開始した。その結果をまとめ、一九八七年、若手の銀実会*三五周年記念誌として『銀座ルネッサンス』（図15）を出版する。住宅専用容積率をアップしてパリのシャンゼリゼのようなペントハウス住宅をつくり、三一メートル以上の屋上空間の景観と環境を良くする案について、建築学会や建設省（当時）、東京都、中央区とも共同研究を開始した。

* 銀座通りと晴海通り沿道の店舗を会員とする団体。一九一九年設立

一九八八年一〇月、中央区の矢田美英区長（当時）から「銀座・日本橋のまちづくり協議会会長」に任命された。一九八九年には、銀座通連合会の服部禮次郎会長等の協力で「都心に住まいと賑わいを」のシンポジウムを開催（図16）して、銀座地区のマスタープランづくりを開始した。

中央区では、最盛期一七万人の人口が、一九九〇年には八万人以下と半減し、在りし日の「賑わい」や「住まい」は望めず、この当時の人口減少は絶望的状況にあった。矢田区長の区政調査会は毎月一回、区長室で夜遅くまでトップ会議を開く。

一九九四年、中央区から三〜四年の調査依頼の上、銀座での住居を地権者が設置することにより、相続税の減免に加えて、一〇〇〜二〇〇％の容積率アップを認める方向で建設省（当時）との了解を取り付ける。銀座地区Iゾーンに限って図の如き住まいと賑わい、地下には公共空間として駐車場や機械室地下通路等をつくる素案（図17）を作成し、まちづくり協議会での合意形成を行った。

まちづくりの方向性として示したものは、以下のとおりである。

① 都心の魅力を高めるために、居住機能を誘導します。
② 賑わいを確保し、魅力ある都市空間を創出します。
③ 地下利用を中心として、公共空間・公共施設をさらに充実します。
④ 住み続けられる銀座まちづくりを目指します。

銀座通連合会のまちづくり顧問を要請された際の要望は、先祖からの土地に家業を継承して

＊＊銀座の商店、会社経営者による青年団体。一九五二年設立

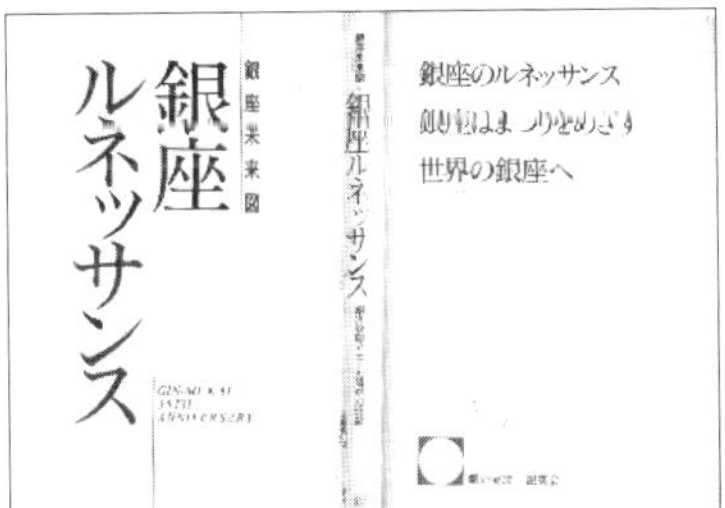

図15『銀座ルネッサンス』

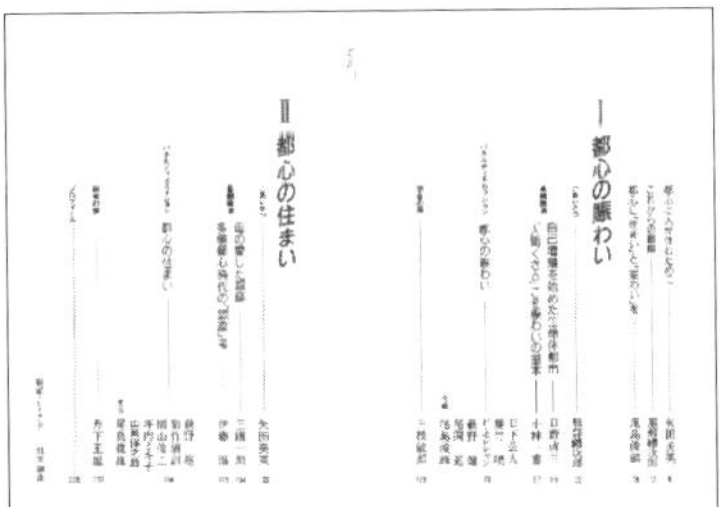

図16「都心に住まいと賑わいを」（一九九〇年）

住み続けられる対策であった。最大の課題は、路線価の上昇による（一平方メートル当たり五〇〇〇万円）固定資産税や相続税の支払いである。幸い、可能にする法的支援として、法人に貸していれば二〇％でよく、さらに宅地として利用していれば、相続税は八〇％節税されて、合わせて四％でよくなる。

しかし区政調査会でその流れを最後に挽回せんと、そのときの委員の一人で、読売新聞の小谷直道論説委員は、一九九六年六月一六日の読売新聞に「二重層の街」として、私案であったペントハウス構想をすっぱ抜いた。住宅に限っての容積緩和策で、建設省も認めはじめていた構想である。まちづくり協議会でも、住民にこの構想を四月八日まで説明して理解を求めている最中の一九九七年四月二一日、当時経営企画庁長官であった尾身幸次氏等が銀座の容積八〇〇％を一一〇〇％に、高さ規制を三一メートルから五六メートルに変更して、経済再生の手段にする構想を発表。経済界はこれに便乗して、急遽、まちづくり協議会は建築壁面線で二〇センチ後退することにして容積一一〇〇％、高さ規制五六メートルの緩和についての案を認めざるを得ず、住宅を併設するペントハウス構想案は廃案、尾身提案の説明会を開くことになった。

一九九七年一月、銀座二丁目のプレイガイドビル二階に開設した銀座尾島研究室ＧＯＬ（Ginza Ojima Lab.）は、この新しい尾身提案（図18）の支援をすることになり、ペントハウス構想の夢は潰れる。その後一九九九年三月には、銀座のオフィスも二年間で閉じることになった（表2）。

この間の動向を、銀座並木通りに再開した第二期ＧＯＬ（銀座尾島研究室）で二〇〇五年にまとめた（表3）。第一期とした江戸時代は、日本橋から京橋へと東海道の出発地点である銀座通りは、一六三六年には埋め立てられたばかりの新両替町で、道幅が一三メートルの砂利道であっ

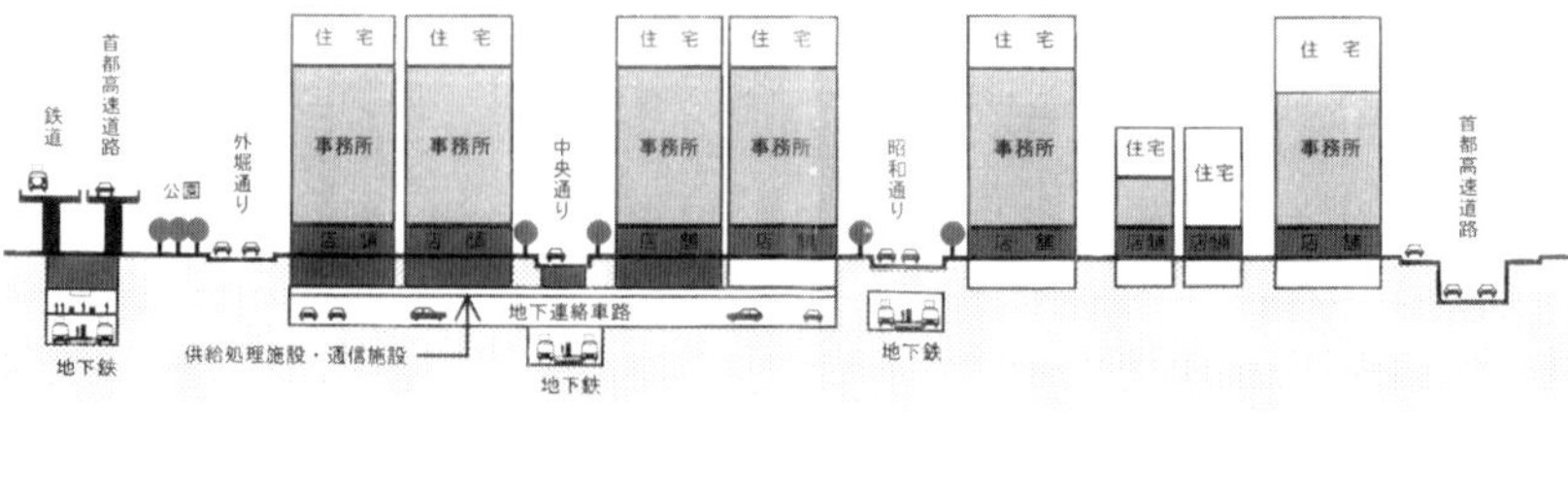

図17　一九九四年七月の素案（住まいと賑わいを確保し、地下に公共空間・施設を充実する）

た。第二期・明治に入って、一八六九年に銀座一～四丁目となるが、一八七二年には大火で全壊する。銀座煉瓦街として近代的道路を建設、道幅は二七メートルに拡幅され、柳並木に歩道がつくられ、路面電車が走る。

第三期は、関東大震災で全壊した大正時代中期で、松坂屋や松屋のデパートがつくられ、銀座は八丁目まで町名が延伸、服部時計店の今日の姿や、地下鉄も建設される。第四期は戦災復興に始まり、銀座は中央区となり、公有水面埋め立ての後、高度経済成長期を迎えた。日曜の歩行者天国、経済はバブル期に入る。高さ規制三一メートルから五六メートル時代になるのが第五期・平成期。

町並みの大変換は、一期から四期まではいずれも大災害がきっかけであったが、第五期への変遷だけは違っていた。中央区に属する月島や晴海の高層アパートで夜間人口が急回復したため、銀座地区での居住空間は必要なしとされ、第五期へと町並みに大きな変化を示す。かくして第五期は、居住空間なき商業・業務に特化した都市機能に実を優先したまちづくり（デザイン会議提案）時代に入ることになった。

東京都心の大丸有地区、東京駅前・日本橋地区と同様に、銀座地区は、賑わい中心・経済中心の特別地区として、夜間人口なしのＢＩＤ*としての二重行政組織によることになった。夜間人口中心の行政組織とは別に、企業協議会による昼の人口を主にするエリアマネジメントが必要不可欠になってきた。治安や防災のみならず、国際観光時代を考えた時の体制が、これからの日本の新しい行政組織となる（大阪市ではＢＩＤが認められたが、東京はまだである）。

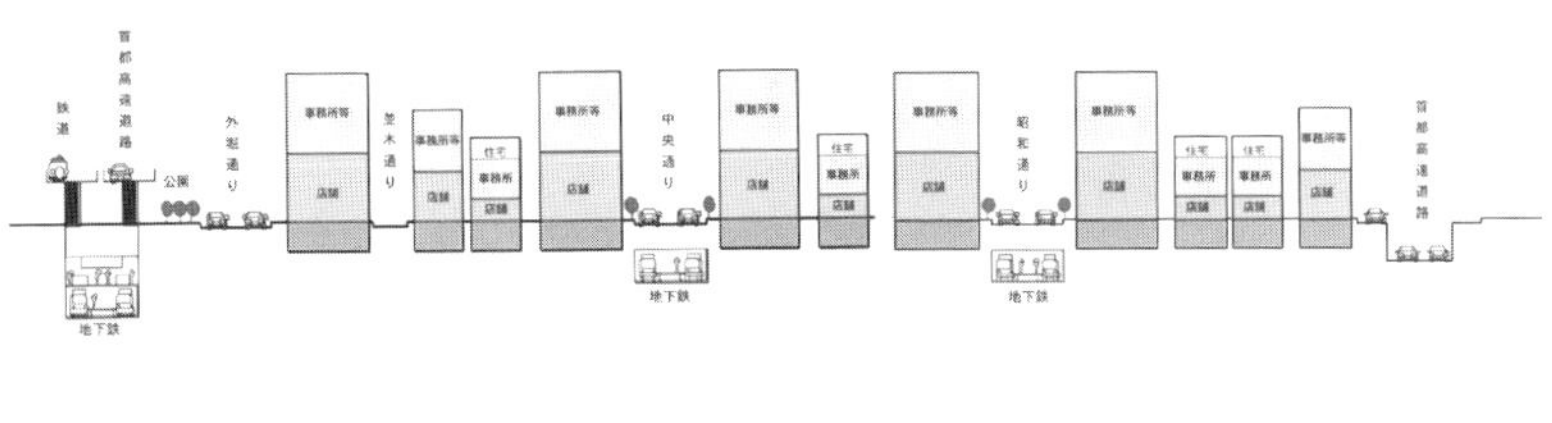

図18　二〇〇五年一〇月の新しい銀座のルール（賑わいと風格の再生）

* Business Improvement District（市街地活性化手法）

表2 ペントハウス構想から新しい銀座ルールへ

1964年	容積率の導入
1983年	4月：銀座通り連合会要請で、尾島が再開発委員会顧問就任
	7月：銀座再開発機構発足 1984年には銀座INS研究会（情報システム）も発足 富永英義・小林明英國屋社長
1985年	中央区区政調査会（石黒氏・矢田区長）
1986年	10月：銀座ポケットパークで展示会
1987年	4月：銀座ペントハウス構想
1988年	中央区銀座町づくり協議会会長 1989年4月に第1回開催
1989年	9月：『銀座に住まいと賑わいを』出版
	中央区日本橋町づくり協議会会長 1990年4月に第1回開催
1992年	3月：『異議あり！臨海副都心』出版
	6月：銀座・東京駅前町づくり協議会
1994年	7月1日：素案の説明会（8月15日までヒアリング） 尾身経企庁長官より容積率upの要請
1995年	4月： 都知事選。都市博中止決定 再度の見直しで20～30cmセットバック、+300%の改正案
1996年	2月20日： 住宅閉め出しによる新しい見直し案で区民に説明会
	この間、三越・資生堂等の新しい見直し案の推進に対し 国交省の反対支援があったものの、 経済界の圧力で容積率upの方向へ
1997年	1月：尾島日本建築学会長就任と共に町づくり協議会会長辞任
	中央区基本構想審議会委員
1998年	「銀座ルール案」により、 地区計画として31～56m高さと800～1100%容積を認める (1996年2月20日の新しい見直し案の認可)
2002年	緊急整備地区の指定で容積緩和と高さ自由が推奨
2004年	「銀座町づくり会議」発足
2006年	「新しい銀座ルール」作成

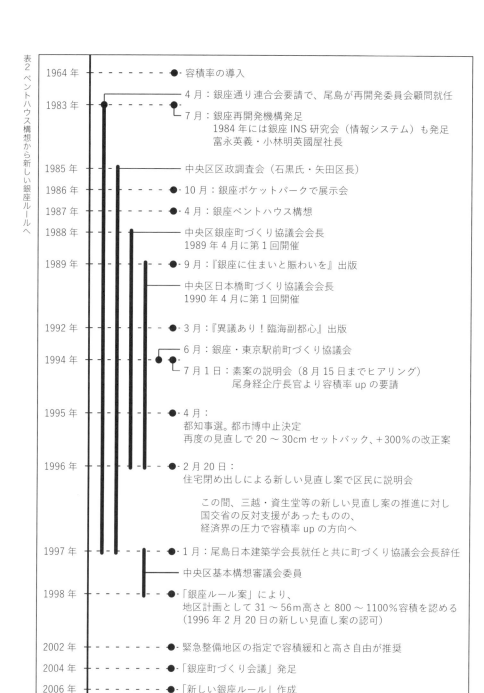

表3 銀座通りの再開発史

期	年	事項
1期 江戸 1603〜1867年	1603	江戸時代開幕
	1636	33年にわたる銀座埋め立て工事完了 新両替町（1912年、銀座の発祥） 東海道（国道1号）13メートル道幅
2期 明治〜大正前期 1868〜1922年	1868	明治元年 新両替町を銀座1〜4丁目に変更
	1872	（大火）4丁目から8丁目を全焼、銀座・築地を全焼 銀座煉瓦街建設計画開始、道幅27メートル
	1874	銀座通りにガス灯点灯
	1877	新橋・横浜間、鉄道開通 煉瓦街建設完了、初の歩道設置 銀座通りの並木を柳に植替
	1882	馬車鉄道（新橋・日本橋間）
	1894	初代服部時計塔完成（4丁目）
	1899	初のビアホール開店
	1903	新橋・品川間、初の路面電車（上野・品川間）
	1914	東京駅開業
	1920	銀座通り商店会発足（銀座通連合会へ昭和5年改称） 柳一世撤去
3期 大正中期〜昭和初期 1923〜1944年	1923	関東大震災により銀座全焼
	1924	尾張町1丁目に松坂屋開店
	1925	銀座3丁目に松屋開店
	1930	銀座と西銀座1〜8丁目に町名変更 三越4丁目に開店
	1932	第1回柳まつり・服部時計店ビル落成、（銀ブラ）、柳二世植樹
	1934	地下鉄の京橋・新橋間開通、6〜8丁目の歩道 コンクリートになる
	1944	鉄供出で街灯消える
4期 昭和の戦後 〜高度成長・バブル期 1945〜1988年	1945	（戦災）銀座被爆
	1946	銀座復興祭開催
	1947	銀座・東京都中央区となる
	1948	柳三世で柳まつり復活
	1949	三十間堀埋め立て
	1953	「君の名は」（数寄屋橋）
	1954	都議会が公有水面埋立を決議
	1957	高速道路下にショッピングセンター開店 地下鉄丸の内線（東京と西銀座間）開通
	1964	西銀座地下駐車場完成・東京オリンピック開催
	1966	晴海通りと外堀通りの都電廃止
	1970	日曜の歩行者天国の開催
	1981	日劇閉館
	1987	銀実会35周年誌『銀座ルネッサンス』出版
	1988	中央区・銀座・日本橋町づくり協議会の会長
5期 平成 1989〜2019年	1990	『銀座の「住まい」と「賑わい」』出版
	1996	読売新聞（ペントハウス構想、銀座二重奏） 銀座の公式ホームページ「銀座コンシェルジュ」開設 1月：第1期GOL開設（中央通り）
	1997	4月：高さ56メートル、容積最大800%から1100%へ
	2006	第2期GOL開設（並木通り）
	2017	松坂屋GINZA6開店

（3）中央区のカーボンニュートラルとBCD事業化計画

一九九七〜九九年の第一期GOL時代に提案したペントハウス構想は三一メートル以上に居住空間を確保することによって、屋上の景観や人々が生活することによる居住環境がパリのように銀座全体で確保されるはずであった。しかし居住者がいなくなった状況で、一九九七年には「銀座コンシェルジュ」が開設され、災害時の被災者情報ネットと商店街活性化のために運営されているというが、限られたコンシェルジュのスタッフでは、大丸有協議会のようには活動できないであろう。二〇〇五年に第二期GOLを開設して以来、（一社）都市環境エネルギー協会の理事長として、平均五〇〇％ほどの実容積が一一〇〇％と二倍、実際の環境負荷は三倍増となることに備えて、BCD[**]面から抜本的見直しが必要と考え、新しいインフラストラクチャーが急務となろう。

二〇一〇年一二月、中央区銀座の脱炭素化のため、地域冷暖房（DHC）の推進を申し入れ、二〇一四年に中央区に緊急提言した。二〇二〇年一〇月、容積増大に伴うインフラ不足を解決すべくDHC協会の特別委員会でこの仕事を継承することになった。二〇二〇年からの銀座・日八京（日本橋・八重洲・京橋）再開発に伴うBCD特別委員会である。

そこで、現状建物の用途別延床面積を、東京都のGISデータを用いて算出。その際、既存のDHC加入建物については、東京都GISデータを用いずに、熱供給事業便覧に記載されている供給先建物用途と各用途別の延床面積を用いた。また、将来における想定建物は、現状の建物延床面積がおおよそ二倍になると想定し、全体の床面積を決めた。また、増加する建物床面積の用途内訳については、「日本橋・東京駅前地区新たな建築のルール」および「新しい銀座のルール」

** Business Continuity District（業務継続地区）

に則り、誘導用途（店舗、宿泊、劇場等の商業施設）を中心に建物の建て替えが進むことを想定し、現状の用途割合に合わせて増床面積を振り分けた。また、二〇二〇年時点での国家戦略特区都市再生プロジェクトによる開発建物延床面積の割合を求めた。図19に現状と二〇二〇年時点の再開発建物計画延床面積及び将来想定の延床面積を示す。

東京駅周辺の中央区日八京地区は、高層高密度な都市開発が実施、継続しており、東京都心部でも民生用エネルギー消費密度が高い。また八重洲地下街を中心に地下空間ネットワークが複雑に形成され、首都直下型地震による帰宅困難者対策並びに荒川決壊による洪水被害対策等の様々な課題がある地域である。そのため、都心部の中でもBCDに貢献するスマートエネルギーネットワークが整備されてきている。そして、二〇一八〜二〇二〇年度は、地域全体を統括し一体的管理を促進する「オフサイトセンター（地区防災センター）」構築の検討を行い、CGS（コジェネレーションシステム）導入とエネルギーネットワークによるBCD形成を目指し、具体的な事業化推進に向けた検討を行った。

具体的には、スマートエネルギーネットワークを脱炭素化するために、検討対象地区は、日八京地区における七つの都市再生特別区の再開発エリアとエリアA〜エリアGを対象として、中央区清掃工場のごみ焼却排熱を利用できた場合のCO_2削減効果を検討した。また、排熱利用を実現するために必要となる排熱ネットワークを整備するための法制度、事業形態や運営形態等の課題とそれにおけるオフサイトセンターの役割などを検討した（図20）。

東京都環境局は、二〇二三年一一月、二〇五〇年ゼロエミッションの実現に向けて、脱炭素化対策を標準装備させ、ゼロエミ地区形成への土壌を創っていく必要性があるとして、現行の

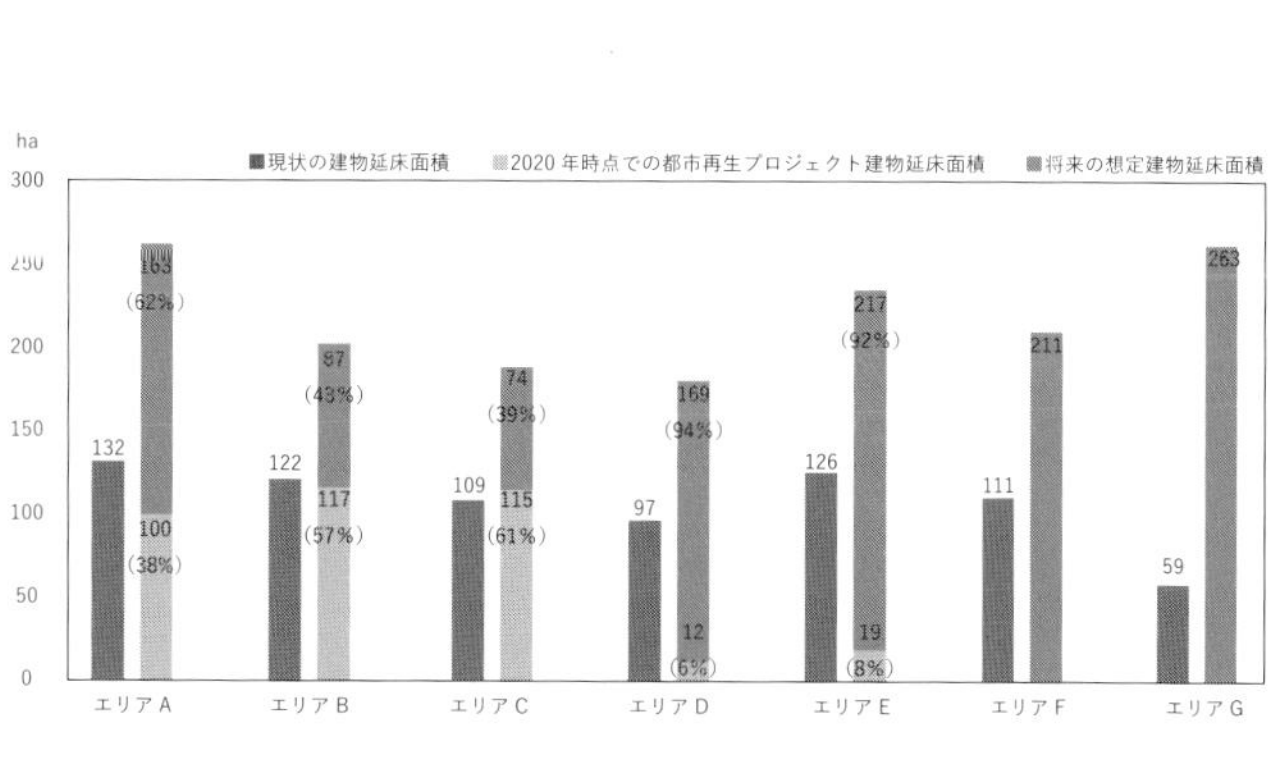

図19 現状と二〇二〇年時点の再開発建物計画延床面積及び将来想定の延床面積

図20 八重洲、日本橋、銀座、築地地区スマートエネルギーネットワーク計画

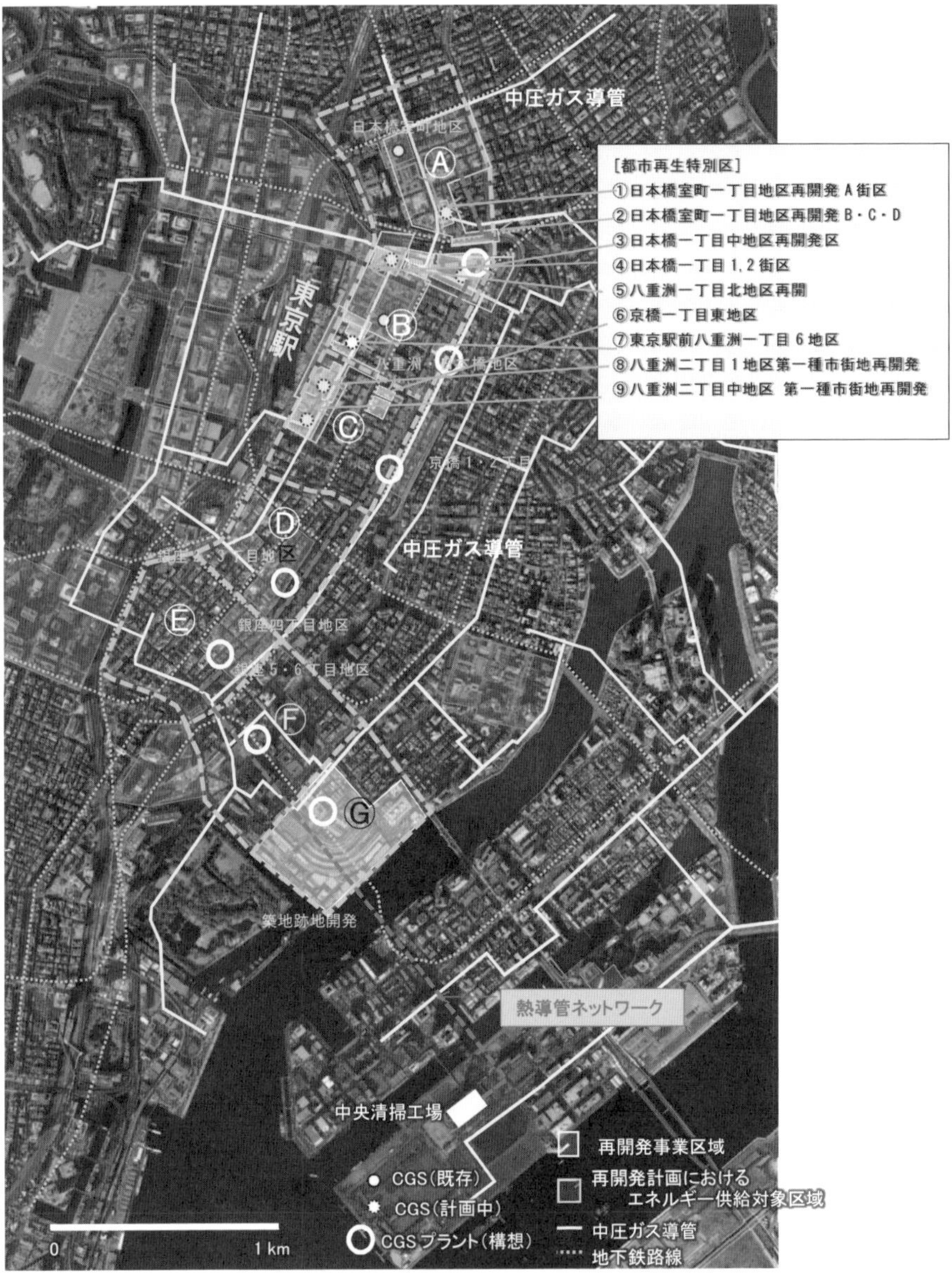

「地域におけるエネルギーの有効利用に関する計画制度」について制度化し、二〇二四年四月より「地域における脱炭素化に関する計画制度」を施行することになった。

具体的に、ごみ焼却排熱を利用するにあたって、特定開発区域内・隣接・近接街区・境界一キロメートル範囲にある場合、脱炭素エネルギー（熱）の導入ポテンシャルとしてカウントすることができる（図21）。同時に、特定開発区域内もしくは一キロメートル以内であれば地域冷暖房を計画し、その熱源として近接するごみ焼却排熱を利用することが義務づけられる。この制度を活用して、中央清掃工場から、築地地区や銀座地区のDHC地区への排熱導管図を示した。有効活用の可能性も考えられる。

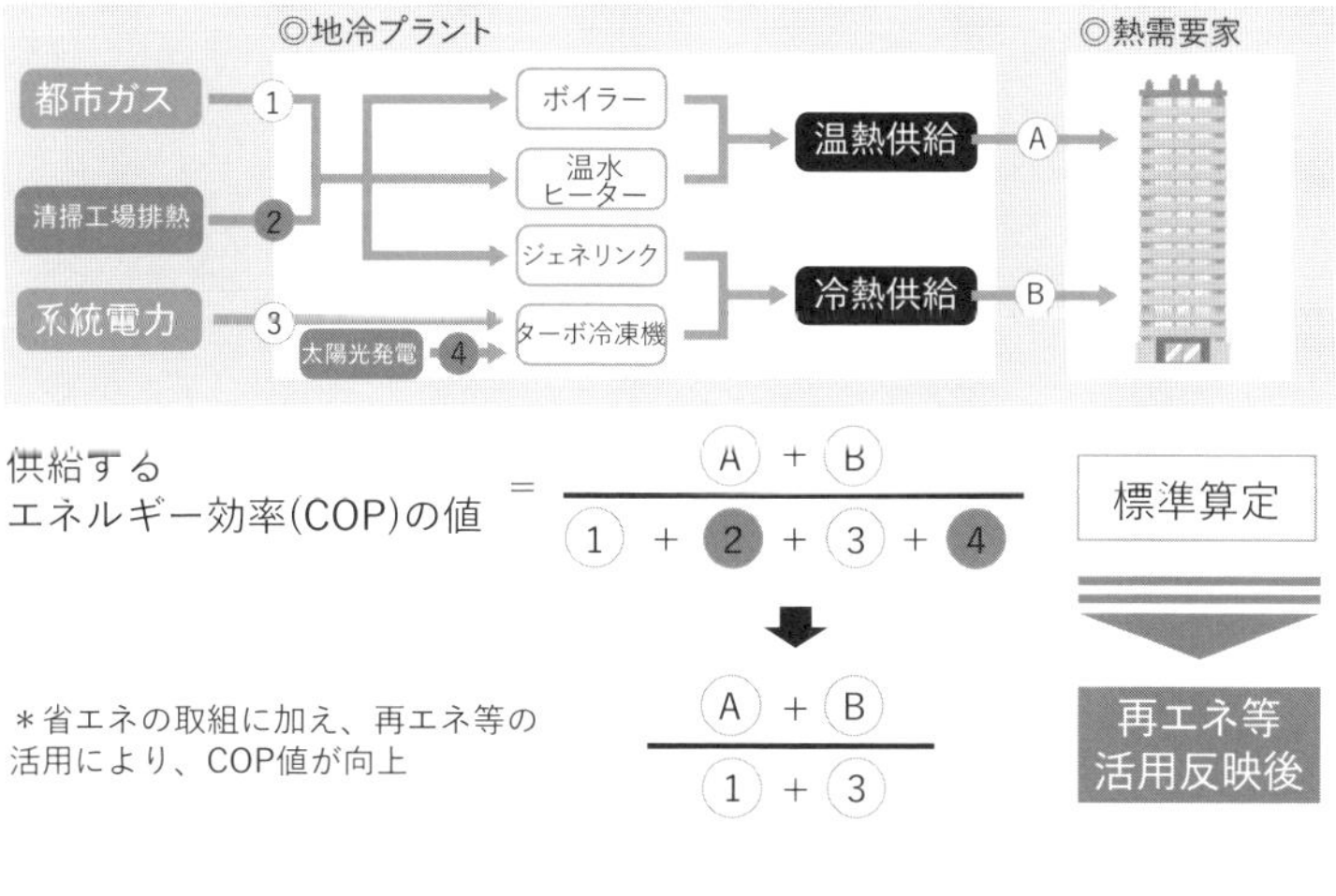

図21　制度イメージ（東京都「特定開発区域等脱炭素化ガイドライン」より）

3　大阪都心の再生

(1) 御堂筋に「風の道」

大阪の人口過密地帯は、標高二〇〜三〇メートルの上町台地周辺の低地（図22）で、津波、高潮、洪水で水没するおそれのある地域である。図23に示すように、上町台地の活断層が阪神高速道路に沿って五五キロメートルも走っている。南海、東南海地震が発生すると震度七が想定されている地域もあり、甚大な被害が想定される。

地面をアスファルトとコンクリートで覆われ、ガラス張りの建物では、温室効果で太陽熱を吸収され冷房用電力が必要不可欠になる。車のガソリン、電力、ガスのエネルギーをふんだんに使用すれば、そのすべてが熱エネルギーになる。太陽エネルギーと人工エネルギーの熱は、都市に入るだけで出ていかない。河川水も地下に入り上下水道で使われている。冷やすものが空気である風しかない。都市における「風の道」はいかにも重要で、近年その大切さが理解されてきている。三〇年前の大阪の猛暑の時間域（三〇℃以上の合計時間数）は年間二一〇時間であった（図24）。しかし、現在では倍の四二〇時間になっている。豊中、大阪、堺はその合計時間数が大きい。「風の道」は大阪でこそ必要である。

大阪の通りは「水の道」が「風の道」になっている（図25）。東西方向が「風の道」なのは特異である。世界中の多くの都市は南北方向が「風の道」で、東西は「太陽の道」で「緑の道」である。大阪では東西が「風の道」であり、「太陽の道」を兼ねている。御堂筋や堺筋などの筋が

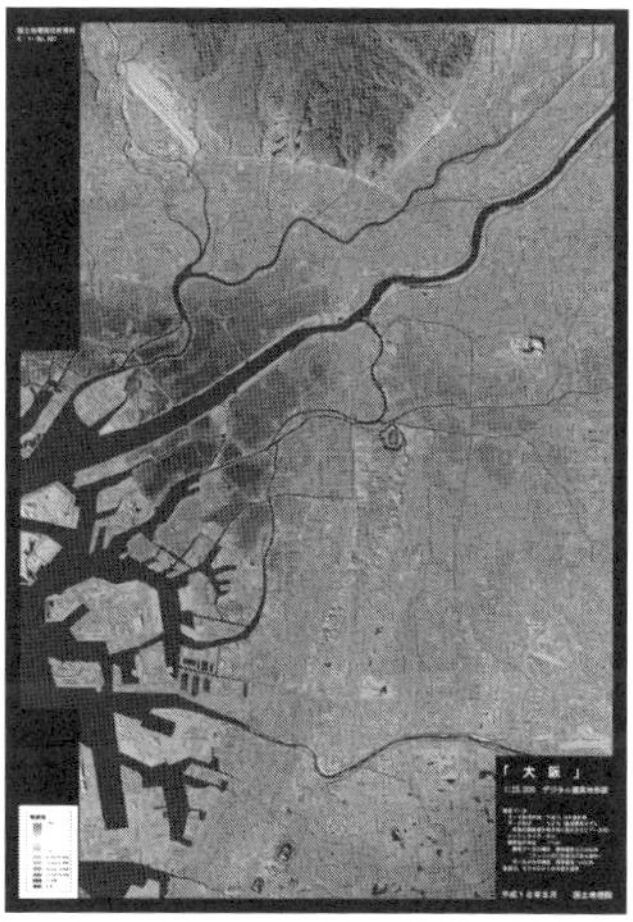

図22　大阪の地勢図（国土地理院技術資料D1-461）

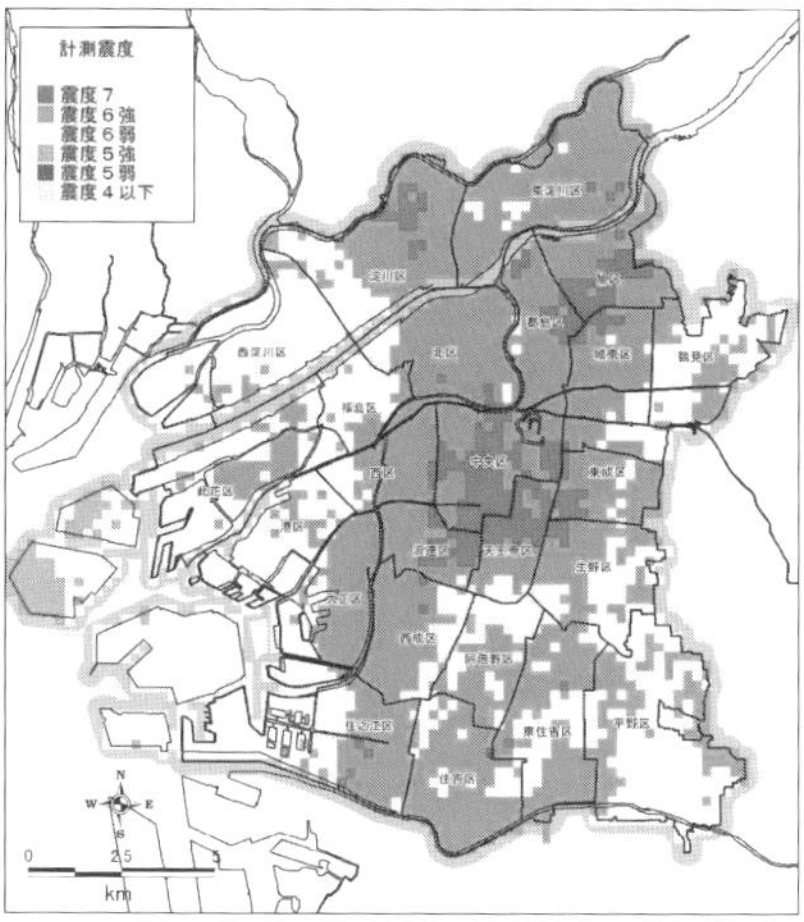

図23　上町断層系活動による想定震度分布

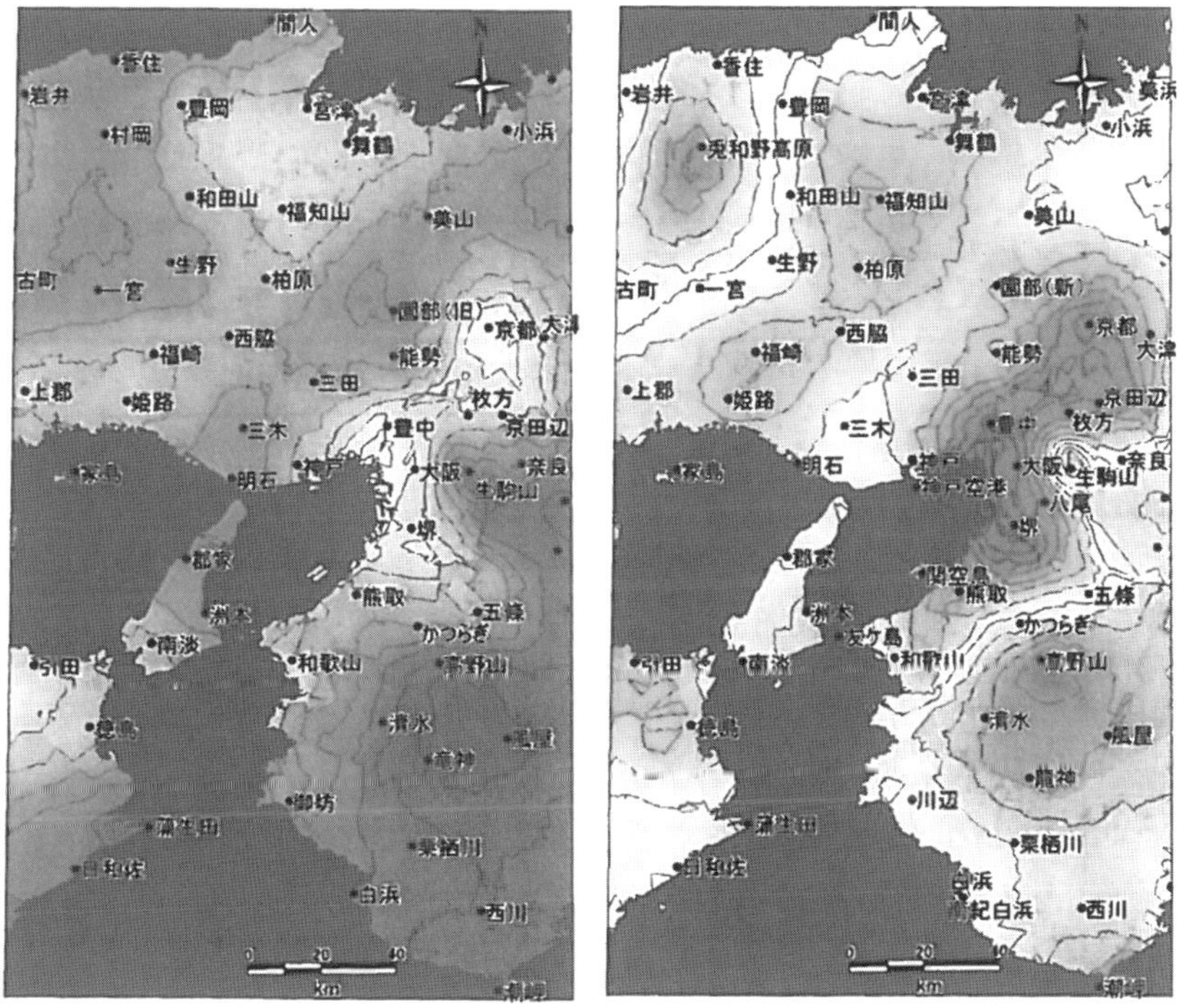

図24　近畿地方における三〇℃以上の合計時間数の分布（五年間の年間平均時間数）

南北に走り、この道路に地下鉄などのインフラがあり、両側のビルが高層化するとストリートキャニオン（ビルの谷間）を形成し、風が流れなくなるおそれがある。そうすると、大気汚染やヒートアイランドが生じる。筋に対してどう風を流すかを計画的に解決する必要がある。ＢＣＰ（事業継続計画）対策として分散型のコジュネを導入すると、都市内でのエネルギー消費が高まる。「風の道」を南北の筋にも通す必要がある。この「風の道」を「水の道」に沿って緑の道を形成しながら、自然の環境インフラをつくる。大阪は東西に「風の道」があるが、南北の筋には風が流れていない。

（2）都心居住で住まいと賑わいを

都心居住で街に賑わいをつくることが必要である。かつての丸の内・大手町のように、年間八七六〇時間のうち二〇〇〇時間しか稼働しない都市は、効率的ではない。丸の内では商業施設を導入し、中央区では住宅を増やしている。図26は東京都中央区と大阪市中央区の夜間人口の推移である。大阪市中央区は、東京の中央区と密度は同じで面積が二割くらい小さい。両区とも戦前の一九三〇年頃に人口が最大になり、戦後の一九五五年から一九六〇年くらいまでは増え、それ以降の一九九五年まで減り続けたが、現在は人口が急速に回復しつつある。東京の中央区では二〇二〇年のオリンピック開催により、選手村用住宅で一万七〇〇〇人分が供給されることで、都心居住はさらに増える。大阪の中央区にもぽつぽつ高層マンションができているが、力が弱い。その中でも、船場地区は戦前六万人が住んでいたが、現在四〇〇〇人ほどしか住んでいない。これでは、都心が賑わうはずがない。

図25 大阪市内の「風の道」

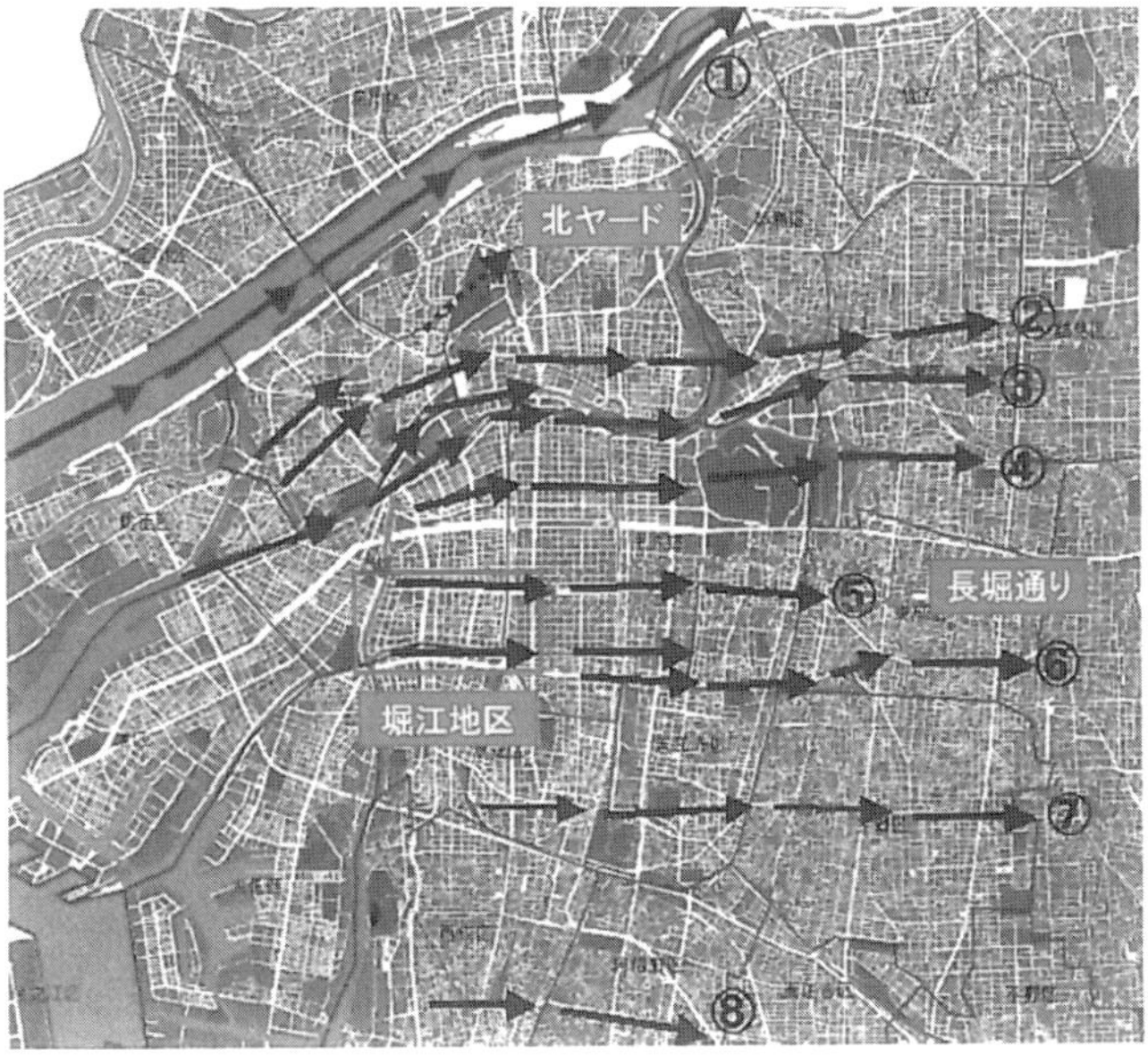

図26 東京都中央区・大阪市中央区の夜間人口推移

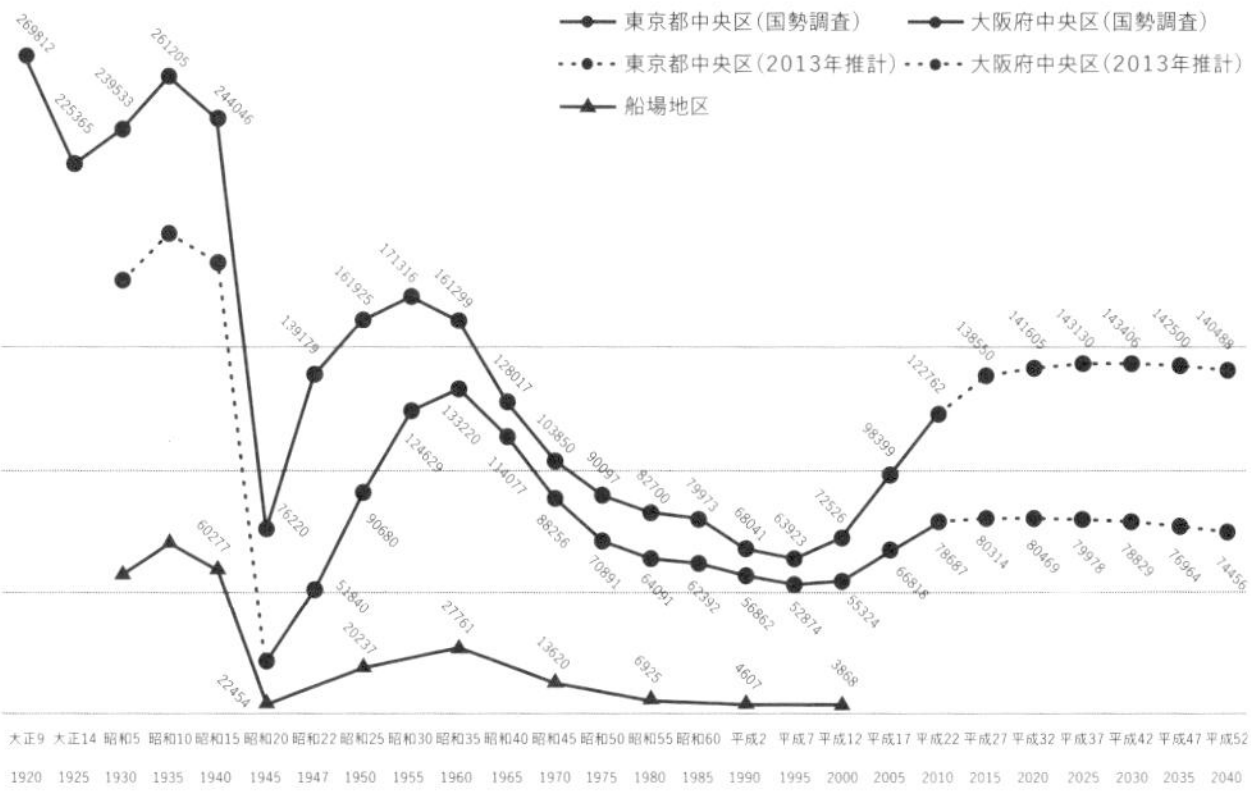

図27は、大阪市内の熱需要密度分布図で、大阪では御堂筋を中心としたエリアの密度が特に高い。オフィスでのエネルギー消費が高いためである。二〇〇〇時間しか運転しないのにエネルギー消費が高いということは、エネルギー効率は最悪ということである。日本の都市では、電力やガス、石油のそれぞれのエネルギー使用効率は世界最高であるが、交通や照明、冷暖房などを含めた都市全体のエネルギー効率は世界最低である。なぜなら排熱を使っていないことと、昼夜間のピークに対応しエネルギーを平準化していないからである。昼夜間や土日を平準化するとエネルギー効率はどんどん上がる。大阪のど真ん中は昼のピークだけが高いということである。

オフィス中心の御堂筋の裏側を、商業や住宅を配置するようにユニット化すると、エネルギーの昼間と夜間の負荷は平準化できる（図28）。しかも高密化することで、エネルギー効率はさらに高まる。効率化すると、相当な投資をしても採算が合う。ＢＣＰも職住近接で可能となる。この地区は、太閤下水以来の立派なインフラおよびガスの中庄管もあるのでコジェネを導入して、その上、ゴミ焼却熱などの再生可能エネルギーも導入しながらまちづくりを行うことが可能になる。

洪水などを考慮して、コジェネプラントは地上三階くらいのところに設置し、ここから電力と熱を供給する。さらに情報ネットワークを構築し、都市の新都市インフラを整備するなど、御堂筋の裏側に住宅を導入することでエネルギーの平準化をすると、十分採算に合う上、ＢＣＰ対策のプラント投資が可能となる。

もう一つ重要なことは、御堂筋・船場地区の夜間人口を、かつての六万人に回復することである。この地区は歴史があり、物語があり、しっかりした都市基盤がある本当にいいところである。

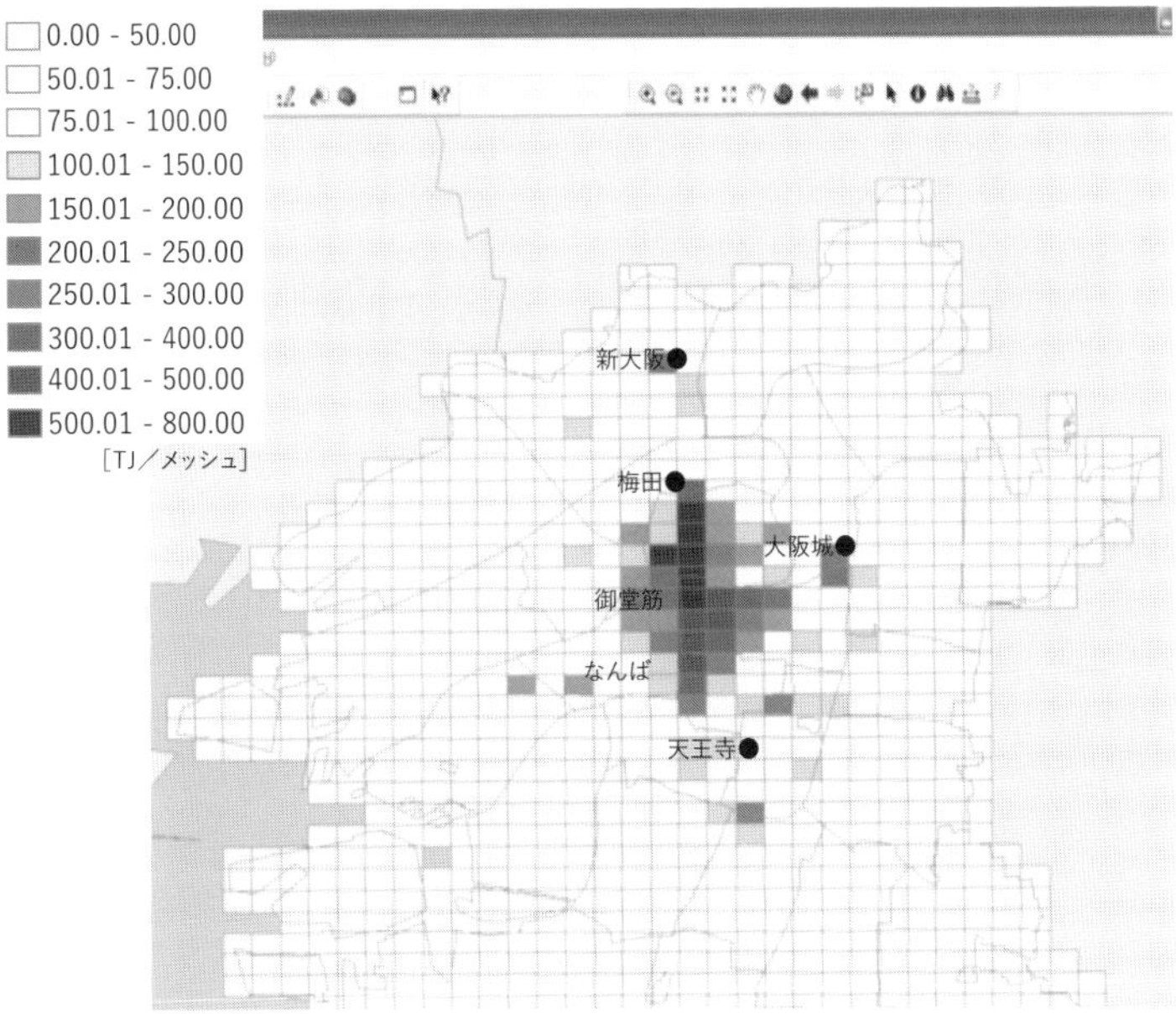

図27 大阪市内の熱需要密度分布図（五〇〇m×五〇〇mメッシュ）

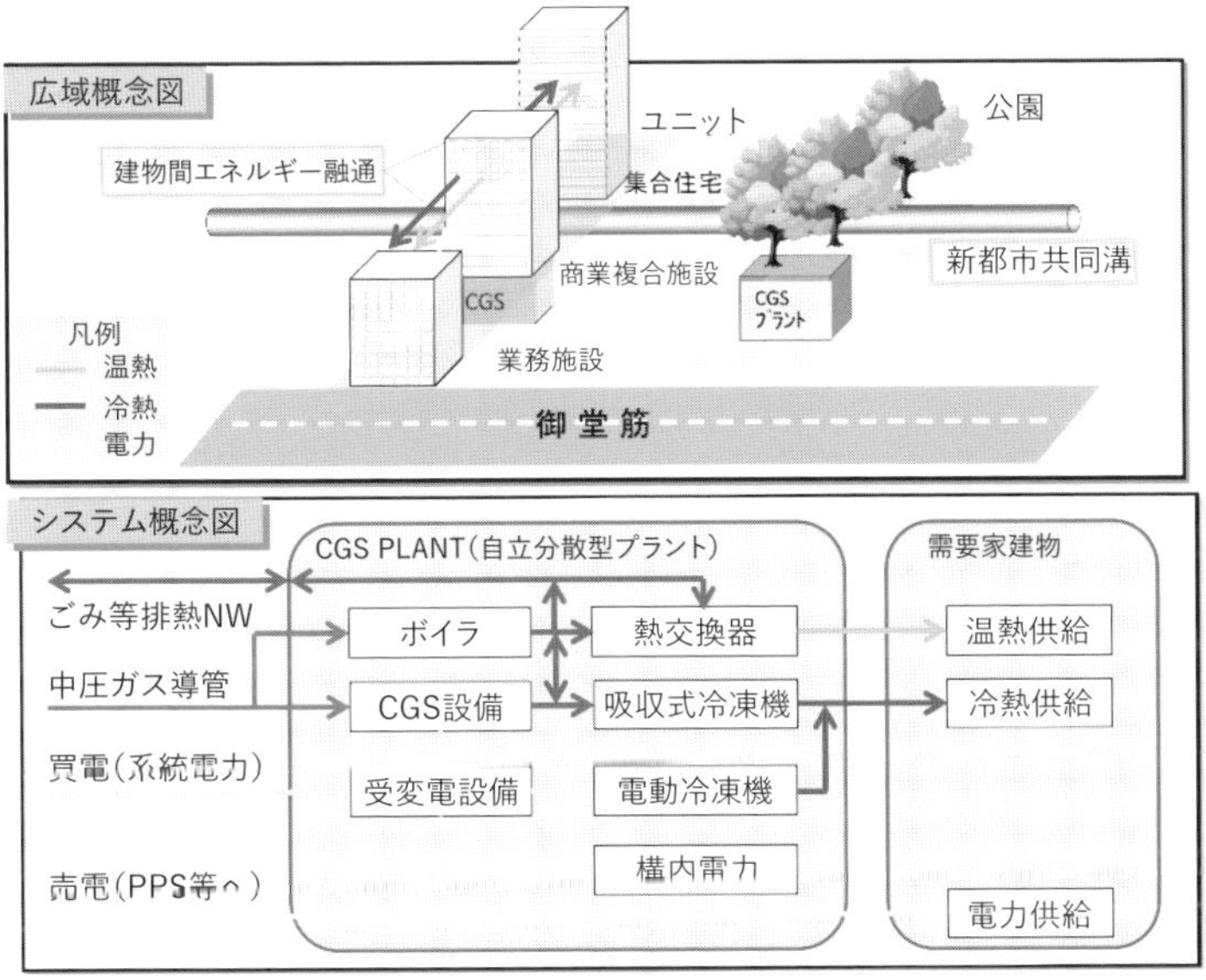

図28 CGS／BCP 自立分散型エネルギーシステム概念図

ゾーニングで北から東西方向にAからFまで分けると、Aは「金融ゾーン」、Bは「薬のゾーン」などそれぞれ特性がある。街区を南北方向に西からⅠ、Ⅱ、Ⅲ、Ⅳに分け、ゾーニング・街区ごとに分けると二四ゾーンで六〇ユニットほどになる。そのユニットにBCPのコジェネプラントを配置していくと、世界に冠たるマンハッタンを超えるまちづくりが可能となる（図29）。図30は夜間人口が六万人に回復した場合、船場地区に一〇〇〇人規模の住宅棟を五〇棟計画した時のイメージ模型である。

図31は、住機能と一緒になったスマートエネルギーネットワークである。ガスの中圧管は地震にも強いので、電力が止まってもビジネスが継続するような、ガスで電力を起こすBCPが可能な計画案である。御堂筋全体に対して職住近接型の、しかもBCPを可能にする施設ができれば、日本再生のきっかけとなるだろう。国際戦略総合特区が大阪で採用されれば、キタとかミナミとか海側ではなく、ど真ん中に国際総合戦略特区を導入して、住まいに関しては容積をさらに増加するとか、そのためには市や府に援護していただき、このようなプロジェクトを進めていくことが不可欠である。

前述のように御堂筋は、夏の卓越風と直行するストリートキャニオンを形成しており、再開発がこの現象を加速するため、ヒートアイランド現象の緩和策としての「風の道」づくりが求められている。しかるに、壁面線の後退と斜線規制の緩和による容積増加と、高層化による遮蔽と排熱増大による都市再開発手法は、これまでの対策に逆行する。加えて、CGSによるBCP対策自立分散型エネルギーシステムの導入は、常時、温排熱の増加を助長することから、最悪の環境悪化が予想される。

図30 御堂筋・船場地区に6万人居住した場合のイメージ

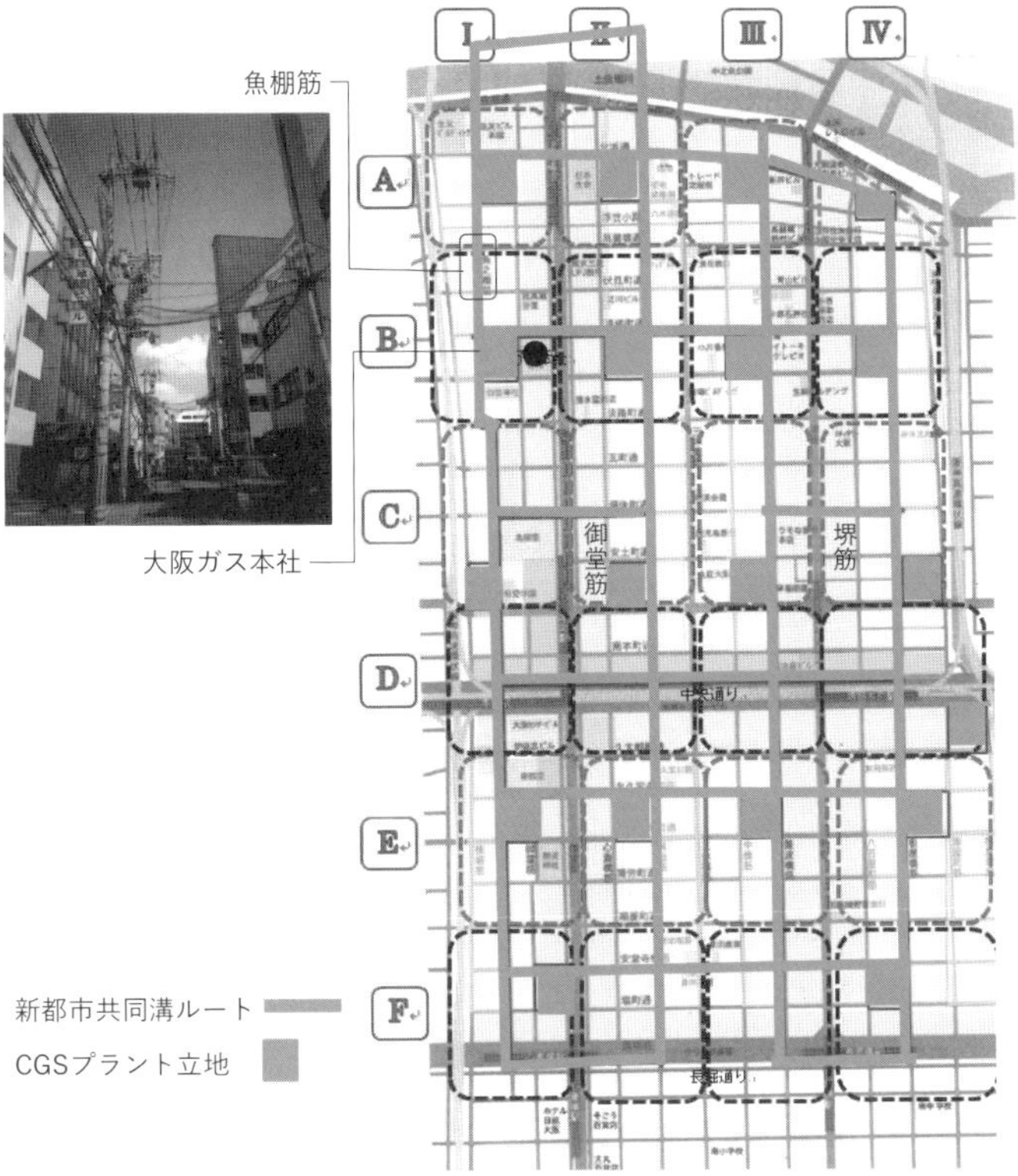

図29 船場地区再開発構想／CGS／BCPネットワーク

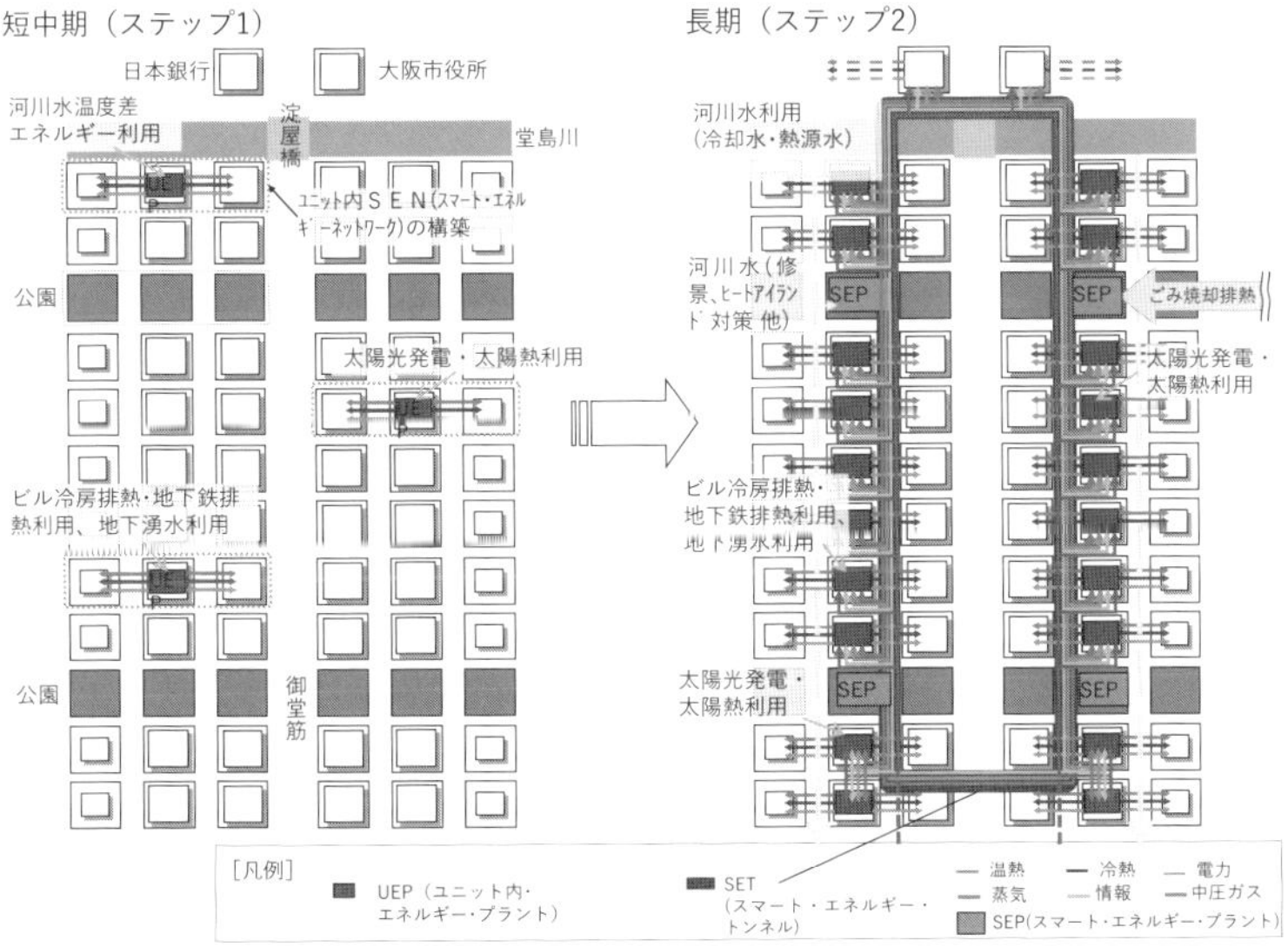

図31 スマート・エネルギー・ネットワークの開発ステップ

従って、この最悪条件下での風と温度の環境を計算と実験結果を通して、昼と夜の現況と開発モデルを比較する。具体的には、御堂筋四丁目、道修町四丁目、平野町四丁目での地上二・五メートル〜五メートルの計測点を第一に、再開発ビルの屋上、一万キロワット、CGS冷却塔の排熱拡散である。「風の道」を上手につくり、街路樹の緑効果を増大させ、道修町四丁目と御堂筋に風が流れるような建物配置・形態を考慮すること。第二は風速を上げ、地上五〇メートル以上に排出され、CGSの温排熱を吹き飛ばすことにより、ヒートアイランド現象の緩和策を見出すことである。

4　陸運から水運の再生

江戸時代の大坂が「水の都」「天下の台所」として賑わったのは、京都と大坂が淀川で結ばれることによって、世界でも輝く地球環境に優しい日本文化を育んでいたからと思われる。その原動力となったのは、「旅客専用の三十石船」である（図33）。船の全長は一七メートル、幅二・五メートルで乗客定員三〇人、船頭は当初四人、幕末には早船三十石船が現れて船頭が五〜六人になり、上がり下りとも時間が短縮された（図34）。大坂には四つの船着場（八軒家、淀屋橋、東横堀、道頓堀）があり、朝早く出て、夕方には伏見に着く。その間四五キロメートルの殆どは綱を引いて航行する人畜労働に依っていた。

伏見の船着場（平戸橋、蓬莱橋、京橋、阿波橋）からは、主に夜に出て、早朝の大坂着が一般になっており、上りと下りでは当然船賃は数倍違った。さらに伏見からは高瀬舟に乗って京

図32　再開発モデル模型（手前が現在の大阪ガス本社ビル、奥が再開発ビル）

の町に入った。京都の二条より鴨川の水を利用しての人工運河は幅七・二メートルで、長さは一〇・三キロメートルあった（図35）。大坂冬の陣の一六一四年、この運河は角倉了以《すみのくらりょうい》（一五五四～一六一五）によって完成した。淀川三十石船は京都と大坂間をつなぐ現代の新幹線の如き存在で、多いときには一六二隻もの快速船が就航していた。一昼夜で合計三二〇便として一日九〇〇〇人もの人々が往来していた。しかし明治になると蒸気外輪船が導入され、明治の中頃には汽車が走り、水運の時代から陸運に変わっていった。

しかし、これからの日本は、国際観光都市づくりを目指して、今日の二〇〇〇万人から三〇〇〇万人に、さらには六〇〇〇万人の国際観光時代を予想している。その中には水上交通である豪華客船の利用が予測される。世界中から豪華客船が大阪港や神戸港に着岸する時代を築くためにも、新しいゼロエミッション方策として「水素船」を「三十石船」に変わって活用することができないだろうか。江戸時代の生活文化が再生できる。

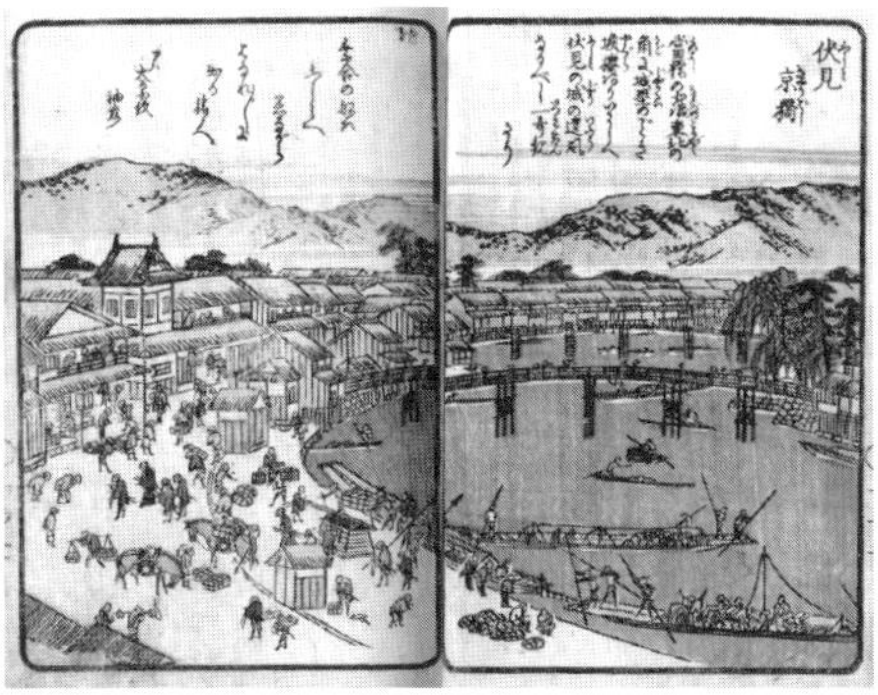

図33　淀川両岸一覧上船之巻「伏見 京橋」一八六一年（大阪市立図書館デジタルアーカイブ）

IRの先進地、中国の海南島やシンガポール、マカオやペナン等々、全てが島にあることから、水素インフラとして先駆けることができよう。関西の世界遺産を観光するにあたって、三十石船に代替された水素船が、大阪が環境立国への貢献策にも寄与するために、日本海から琵琶湖を経由して大阪湾から太平洋への日本横断大運河計画を構想する。

ところでこの大運河構想、古くは平安末期、敦賀から近江塩

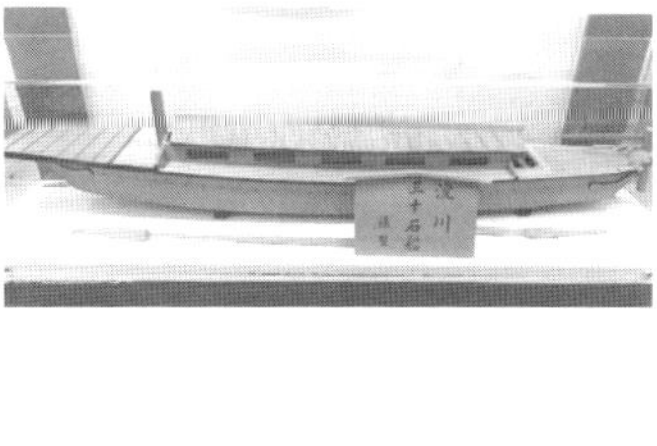

図34　三十石船模型

図35　高瀬川の十石船（一九二〇年に舟運が廃止されたが、二条から四条間の一之船入周辺で再生）

津に至る約一八キロメートルの運河が計画されていた。一八〇五年には大坂の豪商も計画。明治に入っては、一九二三年には三〇〇〇トンの客船や四〇〇〇トンの軍艦を通す「阪敦大運河計画」がつくられ、日本海と琵琶湖との水位差八五メートルは閘門で解決している。海洋国家の日本でありながら、豪華客船は飛鳥II（図34）が最大で（五万トン、乗客数八七二人）、二番がパシフィックビーナス（二・六万トン、六九六人）である。これに比べて世界のナンバーワンはアメリカのオアシス・オブ・ザシーズ（二二・六万トン、約五六〇〇人）、二位はイギリスのクイーン・メリー2（一五・一万トン、二六四〇人）、三位はドイツのディズニードリーム（一二・九万トン、二五〇〇人）。日本の長崎で建造された第一〇位のプリンセス・ダイヤモンド10（一一・六万トン、二六七〇人）等、一度に三〇〇〇人もの豪華客船が大阪港や神戸港に着岸する時代、一〇〇人乗りの水素客船（ハシケ）を準備すれば、なかなかのおもてなしになろうか。

図36　豪華客船（飛鳥II）

［コラム］淀川水系を歩く

二〇一七年五月、政府は淀川を活用した内陸部への水上交通路を確保するべく調査を始めているというので、その実態を事前に調査すべく、二〇一七年三月一八日、レンタカーで淀川水系の三十石船ルートについて視察した。

前日に宿泊した伏尾温泉の不死王閣から、近畿自動車道の守口ＪＣＴで淀川の鳥飼大橋を渡って、国道一号線に沿って淀川左岸を北上する。枚方大橋の手前、淀川河川公園の枚方船着場で休む。

淀川資料館は、一九七七年に開館した日本で最初の河川博物館で、明治時代に行われた淀川改良工事に関する文献や図面等を豊富に所蔵している。枚方大橋の少し上流の淀川河川公園近くの事務所に隣接したところだ。

明治一八（一八八五）年の洪水をきっかけに二九（一八九六）年からの淀川改良工事では本格的に外国の土木技術を取り入れ、上流の瀬田川《せたがわ》洗堰《あらいぜき》の建設や宇治川の付け替え、新淀川の開削などの資料が多い。江戸時代の資料として、伏見と大坂間の三十石船の運航資料や明治に入って栄えた蒸気船の写真、豊かな淀川の自然環境としてのヨシ原や干潟。「タマリ」や「ワンド」と呼ばれる生態系の宝庫を示す展示。天ヶ瀬ダムの建設記録（ビデオ）など、淀川水系の博物館として見事である。

無公害の水素電池を使った観光船を高瀬舟や三十石船の航路に走らせることによって、全く新しい大阪や京都の町の見方が一変してくる。産業革命前後の歴史遺産とその再生を試みることにより、素晴らしい日本の観光資源が復活し、蘇るように思われる。そのためには、第一に淀川水系（琵琶湖から大阪湾まで）の船運を再生し、明治維新で京都という首都機能を衰退させないために企画された琵琶湖疏水を本格的に再生させ、活用することも考えたい。

今度は、この淀川資料館と伏見の三栖閘門資料館と南禅寺前の琵琶湖疏水記念館の三展示館に絞って調査した。枚方市の淀川資料館は河川局直営で、床に淀川の水系を示す航空写真があり、グーグルで調べたと同じように全く船が水面には見えなかった。水上交通を不可能にする堰は毛馬の淀川大堰の他見当たらなかった。河川水量も十分にあるようで、淀川河川公園内には整備された枚方船着場もあった。

いまも大阪中之島・淀川大堰からの舟運があるというので、当地から国道一七一号に沿って、大山崎JCTへ。天王山から淀川を展望せんとしたが無理で、宇治川を北上して、伏見の船着場へ。

二〇〇三年に開設された三栖閘門資料館は伏見港公園の一角にあり、江戸時代の伏見港船着場や三栖浜閘門の模型や写真などの他に伏見築城時の地図等もある。豊臣秀吉が伏見をいかに京都や大阪以上の城下町にせんとしたかについて語るボランティアの様子から、地元の人々の統治に寄せる誇りと愛着の深さや大きさを教えられた。やはりこの町は、伏見港（河川の船着場で、「湊」でなく「港」の漢字を使っているのは当地だけというのも面白く）を見ずして理解できないことを学んだ。秀吉の築いた伏見桃山城や宇治川の対岸に築城した当時の徳川家康の伏見城、黒田官兵衛の館などの配置の妙について語るボランティアに感心した。テーマパークとして再現した伏見桃山城や明治天皇の御陵等の位置と関係性が当地での説明で良く理解できたが、今少し詳細な文献と調査が必要に思えた。

今日の宇治川の本流や濠川《ほりかわ》と高瀬川との水面や船の出入りについては良く分からぬま

ま、少なくとも、当伏見港で三十石船と十石《じっこく》舟《ぶね》（高瀬舟）の乗り換えが行われていたことだけは理解できた。

百人乗りの水素電池観光船も伏見まで航行できれば、豪華客船からの京都市内観光は日帰りツアーが可能になる。

この三栖閘門は戦時中に建設された新しい土木産業遺産で、軍事物資を運搬するためのものであったというから、大型の観光船の航行はそれほど難しくないことを知る。また、淀川から宇治川、濠川から高瀬川となって、不足する水量は明治以降、琵琶湖疎水が使われることで十分な水量が得られて、京都市内の水路が縦横に建設されたことも当地で知った。

かくして、午後の視察は琵琶湖疎水博物館へ急ぐことにした。昼食は京都の四条に沿った錦市場で京野菜料理を食べる。江戸時代の伏見船着場の模型等が展示されている。宇治川から人工的に造られた内陸河川の高瀬川へ入るための仕掛けがよくわかる(図37・38)。

水位の差を調整する三栖港の閘門が再生されていたが、機能はしていない。しかし、敷地が十分にあり、整備次第で十分に活用可能と思える。伏見から京都へは何本もの高瀬川がつくられ、また琵琶湖疏水が十分に生きているのに驚く。

京都市役所裏に駐車して京都四条の「一之船入（一六六九〜九一）」を視察する。二条から四条の間を流れる高瀬川に設けられた九か所の一つが土木産業遺産として残されたという。全長一一キロメートル、川幅八メートル、最盛期には百六〇隻の高瀬舟（十石舟）が一九二〇年まで物資のみならず人々を運んだという。

次は、南禅寺入口に駐車してインクラインを見た後、琵琶湖疎水記念館に入る。実に立派な記念館で、インクラインの模型を見る限

図37 江戸時代の伏見船着き場模型

図38 伏見(三栖港)閘門(二〇一七年三月)

り、いまからでも十分に再生できそうで嬉しくなる。

大阪八軒家《はちけんや》と伏見京橋を結ぶ（三十石船）は、井原西鶴の「好色一代男」、北条團水の「一夜船」、十返舎一九の「東海道中膝栗毛」、上方落語の「三十石《さんじっこく》」（または「三十石夢乃通路」）、浪曲の「森の石松」の表舞台であった。伏見と大坂間の四五キロメートルの所要時間は、上りが一二時間、下りが六時間、上り船を両岸から綱で引っ張り上げる箇所は九か所あった。

高瀬川の流れや三十石船の実物展示、京都市動物園から南禅寺にかけての琵琶湖疏水やインクラインは、明治時代と全く変わらぬ景観に、いつでも再生できる可能性を見る（図39AおよびB）。宇治川から琵琶湖へは天ヶ瀬ダムを通り、瀬田川に入るルートは次回にと考え、同時に日本海への水運も不可能でないことに気づく。

図39A　琵琶湖疎水（明治三三年完成当時）

B　二〇一七年三月の現況。上下を比較して百年後の姿が変わらない

本調査を終えて帰京後、琵琶湖に至る水運について鴨川ルートと宇治川ルートを詳細に、以下に検討した。

万博会場やIRの会場となる夢洲から琵琶湖までの距離は、京都経由の水運で七一・八キロメートル、標高差八四メートル、枚方までの三三・五キロメートルの標高差は二メートルに過ぎない。現在も毛馬閘門(淀川大堰)を上手く利用すれば問題なく、航路は可能と思われる。

枚方からは宇治川・桂川・木津川の合流地、石清水八幡宮を右に、左に、天王山を見る背割堤四四キロメートル地点で四メートルの標高差となり、水路の選定が必要になる。実態調査時は、この地点から宇治川を北上したが、鴨川ルートでは桂川に入る。桂川・西高瀬川・鴨川の合流地点までは(五一・二―四四キロメートル)/七メートル=七二〇〇メートル/七メートル≒一〇〇〇で、一〇〇〇分の一勾配であるから、舟運でも十分可能な水路をつくることができる。

西高瀬川ルートを使って京都市内までの標高差三〇メートルの落差は五段程の閘門を使う方法か。鴨川本流ルートの何十段もの堰を考えれば、鴨川の鳥羽大橋か鳥羽離宮跡公園付近に船溜を設けて、陸路で京都市街へ入ることも一案である。鴨川船溜から南禅寺・蹴上げインクラインを通り、琵琶湖疏水ルートにあるインクラインの再生で容易に思われ、このルートは、パリのサンマルタン運河にも匹敵する素晴らしい国際観光ルートになる(図40)。

いま一つのルートである宇治川ルートは、伏見港の三栖閘門を再生して東高瀬川ルートを活用して琵琶湖疏水に入り、北上。東海道線を越え、鴨川に入るコースである。

三本目は、本命の伏見から宇治川を遡上して平等院を通り、天ヶ瀬ダムに至る。この地

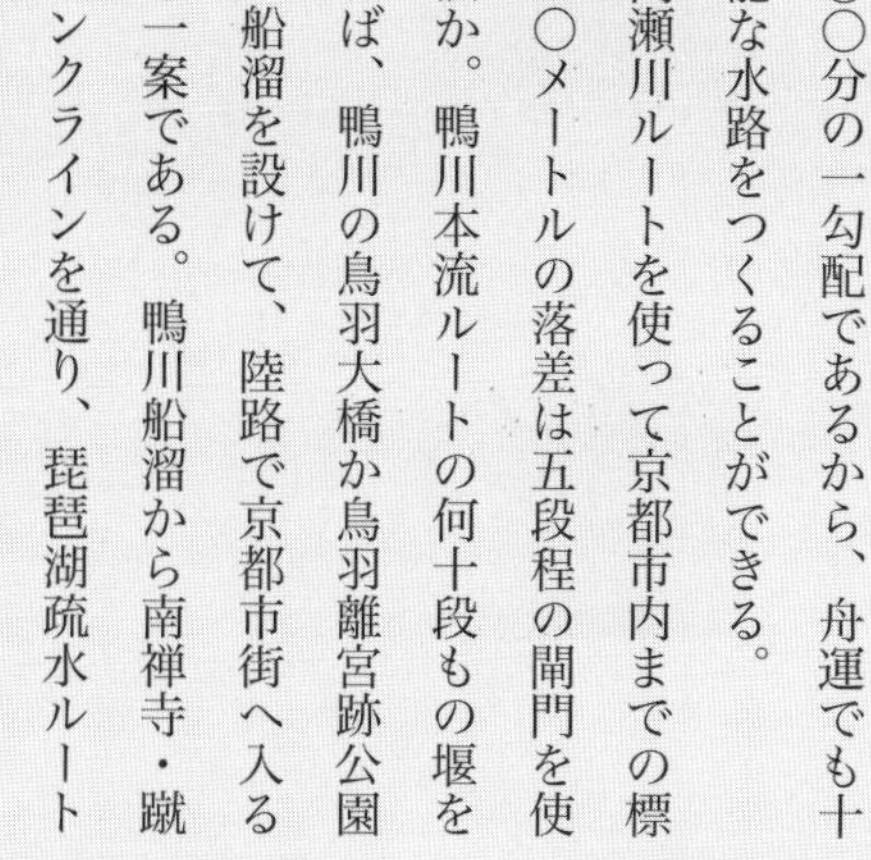

図40 インクラインの現況
(当時に再生することは可能だ)

で標高差五三メートルをバスに乗り換え、天ヶ瀬ダム湖で再び水運により宇治川から瀬田川に入り、瀬田川洗堰を閘門で越えて、瀬田の大橋に至る八〇・八キロメートルのルートが考えられる。このルートも鴨川ルート同様、一〜二段の乗り換えの必要があるものの、期待される（図41）。

二〇一六年一一月一八日、国交省は佐太（守口）と八軒家浜間一三キロメートルに観光船を二隻走らせた。一三キロを二時間かけて下った船に安藤忠雄氏が乗船していた。

琵琶湖疏水記念館では、田辺朔郎等が明治三三年に六年かけて完成させた経過。近くの蹴上発電所は明治二四（一八九一）年に送電し、明治二八（一八九五）年に日本最初の市電を走らせたこと。南禅寺の疎水閣は支流であり、この支流は逆サイフォンで堀川まで連続していることを示す「京の川」のパンフレットを入手する。岡崎公園の豊かな疎水は本流で、錦小路へ流れたことや、錦市場は江戸時代から湧き出る地下水があったことから魚屋が集まり、魚屋町を形成していたこと。今日では鮮魚のみならず京野菜や漬物等の食料品総合市場を形成していることなどを知る。

江戸時代の角倉了以の業績として、一六一〇年に鴨川疎通工事開始、一六一二年に京・高瀬川工事開始、大悲閣千光寺は一六一九年に大堰川を開削する工事で亡くなった人々を弔うために、嵯峨の中院にあった千光寺を嵐山に移転し、大悲閣を建立した。彼の石碑がある千光寺を訪ねようとしたが、陸から車で行くことが困難で中止し、松尾大社を参拝してこの旅を終える。

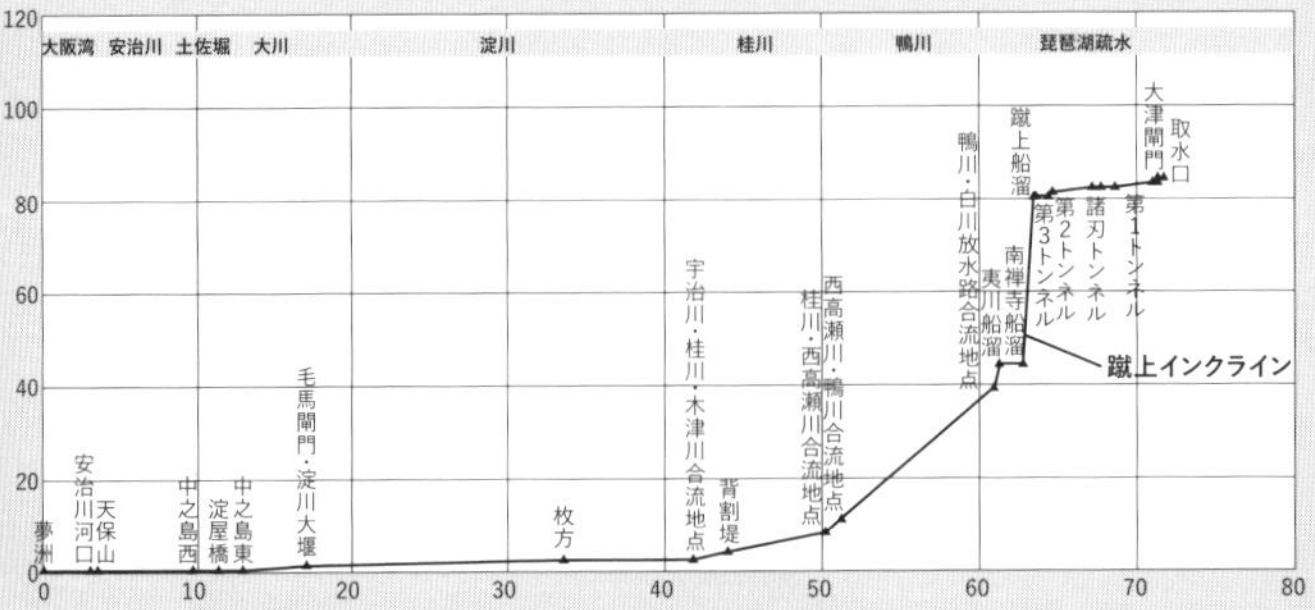

図41 土佐堀・鴨川・琵琶湖疏水ルート

3

レガシーをつくる

日本の伝統文化を象徴する代表的建築物とも言える京都迎賓館について、二〇〇九年に建築家・建築史家の中村昌生氏と対談した際、「この建物は『庭屋一如』の現代和風で、数寄屋風だ」との発言にひどく共鳴した。また、島根の足立美術館が世界で最も有名な地方美術館と紹介されたのはその日本庭園で、七人の庭師が毎日、季節に合わせ剪定・清掃し、館内外と庭園が一体になるべく、美術品の展示に合わせている故とか。

東京の根津美術館の季節展示も有名で、尾形光琳の「杜若」や「菖蒲」とは違う屏風画があり、これが庭に咲く「杜若」と比較されることも好評と聞く。新築された隈研吾氏設計による美術館の外庭に竹が使われ、これも「庭屋一如」の世界を現す数寄屋風展示として、また仏教美術品を時間・空間軸に合わせて展示されているのも、日本の伝統的建築美と紹介される。

久隅守景の「夕顔棚納涼図」という絵がある。江戸初期、狩野家を破門され、金沢にも生活したことのある守景が描いた国宝画がひどく気に入った。夕顔棚の軒端の下で、夕涼みをする三人の家族が、穏やかに月を眺めている。家族の幸せとは、このような「庭屋一如」の空間での家族像かとも思い、あるとき自宅の庭にひょうたん棚をつくってみた。しかし、ヒートアイランドの厳しい「東京の庭」ではとても納涼にはならなかった。

日本は明治維新の文明開化で、時間と空間のけじめをなくしたことから、日本文化の様式を失ったが、いま、それを見直そうとしていることだ。長い歴史と四季という自然界の変化をもち、内と外の環境が一体で生活できる自然をベースに、多様な生活様式や建築様式が生まれた。その時間と空間が素晴らしい国際観光の資源になっていることに気づくことで、新しい都市環境が生まれる。それが二一世紀の観光大国を支えることになる。一軒一軒の民家、それが集まった町並み、

章扉写真／尾島怜子撮影

集落、都市景観。名勝旧跡から新名勝や新景観づくりの資源を発見するには、身近なところで努力している職人達や地方の生活文化の見直しと覚醒が必要である。

久隅守景「夕顔棚納涼図屏風」(Wikimedia Commons)

自宅のひょうたん棚

1　クールジャパン

（1）クールジャパン

いまや、日本の魅力的なものは全部「クールジャパン」。日本の生活文化を活かした商品または役務をとおして、海外で高い評価を得ている「ものごと」をもって「日本ブランド戦略」としている。具体的には、日本の映画・音楽・漫画・アニメ・ドラマ・ゲーム等、現代サブカルチャー・ポップカルチャーのコンテンツを指すほか、食文化・ファッション・現代アート・建築などを指す。さらには世界的競争力のある自動車・オートバイ・電気製品も「クールジャパン」とされている。世界のものづくりのハード面で日本文明の優秀さを示した二〇世紀後半に比べ、二一世紀はソフト面で日本文化の優れた点を示している格好だ。

クールジャパンには形あるものに留まらず、武士道や伝統的な日本料理・茶道・華道・日本舞踊なども含まれる。たとえば日本の伝統的「生け花」の諸流が一つになって、欧米のフラワーデザインと一線を画したアミニズム的精神を導入することで「華道」という様式文化がつくられた。こうした日本の生活文化が世界に開花したきっかけは明治維新である。世界中に飛び出していった日本人が、自分たちの経験から日本と外国の生活様式や考え方の違いを説明するために、「〇〇道」として独自の解釈で説明した。岡倉覚三（天心）「The Book of Tea（茶の本）」や新渡戸稲造の「武士道」、嘉納治五郎の「柔道」などである。クールジャパンを支えてきた一端が、こうした日本各地の伝統技芸や職人たちの存在である。

ジャパニーズウイスキーを創り出し、今日の世界五大ウイスキー生産地（スコットランド、アイルランド、カナダ、アメリカ、日本）に育てたのは、竹鶴政孝と鳥井信治郎両氏である。二〇一四年のＮＨＫ連続テレビ小説「マッサン」で有名になった竹鶴氏は、一九二〇年、スコットランドでウイスキー作りを学んで帰国。北海道の余市で、一九五二年からニッカウヰスキーを製造販売、またサントリーの創業者・鳥井氏は竹鶴氏の協力も得て、一九二四年、日本最初のモルトウイスキーの製造販売に努力した。『この都市のまほろば』シリーズで全国を歩いて視察・試飲したサントリーの山崎工場や白州工場、ニッカの余市工場等を凌駕する新しい蒸留所が、二一世紀に入って日本各地で建設されている。しかも一〇〇％地元産でのジャパニーズウイスキーが世界を席巻している時代になった。

そして、一七七九年創業のボウモア一八年ものを超える二五年ものの白州や山崎のサントリーを創り出したのみならず、ボウモアを経営傘下にしたというから、まさに「ホットジャパン」でもある。

二〇一〇年六月、経産省が「クールジャパン室」を設置して、外国に情報発信することによって経済成長を支援した。官民ファンドによるクールジャパン機構（二〇一三年に三七五一億円の基金）が設立され、一九八〇年代、「ジャパン・アズ・ナンバーワン」時代のものづくり日本文明から、「オンリー・ワン」時代の日本文化の魅力を二〇二〇年代からの観光立国の中心にし始めている。

ＮＨＫはクールジャパンをコンテンツに、放送を通して、不思議な日本文化の魅力を毎夜のように伝えているが、それはあまりにも職人的で、地方文化の風習に依存している。それでも

表1　アナログとデジタルの相違

Analogy［アナログ的］		Digital［デジタル的］
定規、設計 人間（肉体、五感）、自然 LP レコード 現実空間（Physical Space） アナログ放送（周波数） 曖昧さ（芸術家・職人）	同定・融合	CAD、BIM、コンピュータ ロボット（知能、第六感）、Big Data CD プレイヤー 仮想空間（Cyber Space） デジタル放送、画素（Pixel） 正確さ（科学者・技術者）
・建築部位・部品の形状・属性・情報の標準化 ・図書館・アーカイブス（博物館）		・（コンピュータ上で再現）標準オブジェクト ・BIM ライブラリー
Society1.0～Society3.0		Society4.0～Society5.0

DMO等の地方振興としては少なくとも害になるまい。しかし、二〇一五年の第五期科学技術基本計画で未来社会の姿として提唱されたSociety 5.0社会とマッチしているだろうか。デジタル革命で世界の潮流に乗り遅れないため、二〇一八年六月、閣議決定された未来投資戦略をもって、行政が率先してデジタルで完結させ、従来型の制度・慣行や社会構造であるアナログ形式からデジタル社会に一気に進める仕組みをつくるため、重点的に投資を行うという戦略に沿うものか。

表1にアナログとデジタルの相違を比較する。建築設計等でT定規等を使っていたのがアナログで、デジタルではCADを使う。LPレコードはCDプレイヤーになる。アナログがデジタルに移行するとき、クールジャパンは消えてゆくのか。

(2) 観光立国と相続税

世界でいちばん由緒ある家系は我が国の天皇家と承っている反面で、世界で最も家系の失われた国もまた日本の市民と考えられ、その状況はさらに加速せんとしている。少子高齢化、核家族化、都市化のなかにあって、地縁・血縁・門閥が悪と評価され、二代目政治家や実業家は看板のみ継続しても、相続税制や家制度の崩壊とともに、その足許が切られた浮き草の如き存在である。我が国が本当にサステイナブルな社会を実現するためには一体何を根拠に継続性を考えたらよいのであろうか。そこで天皇家に三種の神器があるように、家系の継続にも家宝があってこそ継続の証が立てられよう。

近代建築を標榜したアドルフ・ロースは「建築とはお墓とモニュメント」という名言を

図1 Digital Build Japan（藪野健画）

残している。現代においてもなお、まず一人ひとりの家の「お宝」を継続させるべきところから始めてこそ観光立国が望めるはずで、その根底に相続税の改革がある。少なくともイギリスのカントリーハウスは、維持している間に相続税は課せられない。家宝でも売った場合は課税したとしても、それを持続する人にはマイナスの税を課するくらいの税制度なくして、家宝は維持されまい。

最近できた五〇年以上経た建物の登録文化財制度、あるいは伝統的の町並み保存など、その多くは登録されることによって社会資本となる。わが国の観光資源に寄与する重要な社会資本となる。隠すことのできない建造物にあっては、さらに価値のある社会資本にすべきことは当然であろう。しかし今日の日本の景観を見る限り、新しくて、巨大で、利便性に富んだものこそが社会資本と評価されて、本当の国富になっていない。

『大正名器鑑』（高橋義雄編、一九二六〜三一年、図2）というすばらしい骨董の大著が七十余年前に出版されているが、それには誰がつくり、誰が評価し、誰が所蔵していたか克明に記されている。本当の文化財は作った人も大切であるが、それを評価し、維持し、展示することによって初めて文化財が文化財たり得るものである。日本における相続税制度は、そのような家代々に伝わる文化財をブラックマーケットに入れるか死蔵させているうちに、いつか本当に消えさせているのではなかろうか。日本の著名な画家の作品を美術館に貸し出すと、本物がなくなり模写ばかりになる。その理由を聞くと、相続税のため家族が本物を処分してしまったためだという、そんなことがまかり通っている。

『大正名器鑑』の序説には、「国家と名器」と題した文がある。

図2 大高橋義雄編『大正名器鑑』（寶雲舍、一九三七年）

「名器は歴史的に工藝的に祖先の名誉若しくは模範を後代に傳ふる者にして國家は其保存に就いて最も意を致さざる可らず。しかるに近世事を解せざる者、名器を所藏する者を以て、私慾を充たし奢侈を事とするが如く誤認し、高価なる名器を買入る、者あれば寧ろ之を擯徐する者少からず、斯かる謬見をして廣く世に行はれしめば、國寶的工藝美術品を破壊して、一國を野蠻時代の廣漠たる原野と為し終るを以て滿足せざる可らず。本來文明諸國に於ては國に美術館、博物館、工藝館あり、天下の名器を其中に網羅し一般公衆の参考に供し、又大切に之を保護して後代に傳ふる事を努めざる者なし。しかるに本邦は之れに異り、世界に比類なき多數の寶物を所有しながら僅に帝室博物館の存在するのみにして、國家は未だ美術工藝館を設立せず、國中の工藝美術品は各自個人の保護するに委せて國家は之れに関係せず、國民が名器尊重心に富み、各自に之を保護するを見て國家は恬然として之を顧みざるのみならず、世間の政論者中には工藝美術品を所有する者に對して、一種の財産税を課せんとする者さへあり、今日までは未だ之を實現するに至らざれども、政客中に頻に之を唱道する者ありと云ふ、而して一般國民も亦此點に於ては甚だ不注意にして、國家は己が為すべき義務を忘れて名器の保護を國民に依託し置きながら、之を保護し居る國民に課税せんとするが如き、曷ぞ其不條理千萬なるや。斯くの如くにして國民が名器保存の念を阻碍する事あらば、我が先人が苦心して内外の名器を傳存したる盛意を空うし、上下相率ゐて亡國の民を學ぶに至るべし、是れ豈に識者の袖手傍観す可き所ならんや。」

近年のテレビ番組における鑑定ブームは、改めて我が家のお宝を考える機会を与えてくれる。著名な方々がお宝を鑑定に掛けるが、一〇〇〇万円以上のお宝は滅多にテレビに出ない。相続にあたって、免税範囲のお宝しか多分に鑑定の対象にしないのか。はたまた、そのような価値あるものは事前の鑑定で出演をお断りしているのではなかろうか。国際観光客が地方に押し寄せ、本当のクールジャパンがインバウンドに開かれるためには、日本の税制度の見直しが必要である。

二〇一一年一〇月、佐久平から八ヶ岳山荘へ向かう途中、佐久穂町で奥村土牛記念美術館に立ち寄る。この美術館は、黒澤合名会社の集会場として使われ、町に寄贈された建物で、この離れに土牛一家が戦後滞在していたのがきっかけで平成に入って美術館として改修されたものだ。館長の内藤礼治氏が親切に案内して下さった。土牛の本物を一点所有している私として、それに比較できる作品を見たかったのだが、下図や素描ばかりで、少々クレームを言うと、実はと、この記念館の由来や設立された一九九〇年当時の状況を説明された。

印象に残ったのは、一〇一才で逝去した奥村土牛の家族が、相続税が払えないため、土牛の作品を泣く泣く大量に燃やすしかなかったということだった。そのため、この記念館は「秘蔵の名作」と称しながら、実は本物が予想以上に少ないのだとの弁解。文化勲章を受章して、日本美術院理事長に推挙され、東京都の名誉都民になり、従三位に叙せられた土牛の作品とは、国富そのものであるのにもかかわらず、家族によって燃やさなければならない日本の国法はやはりおかしい。これがバブル時代に起こった特別の現象と考えるべきではなく、国富は超法規的に護られる法の必要性を痛感した。

土地バブルが始まった一九八五年頃から一九九〇年、由緒あるお屋敷の建物はもちろん、その庭の石や木に至るまで次々と移設もしくは廃棄の余儀なきに至っていた。その跡地にはマンションやミニ開発で、町並みはおろか、その地のアメニティが完全に失われ、相続税を払いきれない継承者が物納にあたって更地化も余儀なくされていた。由緒あるお屋敷は由緒ある家柄と共に存在したであろうに。

この両者ともども消すことによって、日本の近代化が達成されるとすれば、文明開化時の廃仏毀釈と何ら変わらぬ現状ではなかろうか。クールジャパン政策の推進こそ、日本の国富を護り、育て、創ることになるかもしれない。

2 空き家と人口減少社会

(1) 空き家

マイホームの有無や家の大きさが幸福のバロメーターとなる時代があった。人口増加と世帯数の増加と共に、マイホームをもつことが豊かさの尺度とされた時代である。しかし、一九七〇年を境に住宅総数が世帯を上回る高度経済成長時代に至って、住宅着工数が年間二〇〇万戸に及び、地方や郊外住宅地に少しずつ空き家が出始める。

二〇〇八年には人口がピーク(一億二八〇八万人)に、二〇三〇年には世帯数がピークの五五七〇万戸になると予想されている(国立社会保障・人口問題研究所、二〇二四年)。そのなかで二〇一八年には全国の空き家が八四九万戸と、各地に空き家問題が顕在化し、問題となった。その後、二〇二三年の速報値では九〇〇万戸にまで到達(総務省、二〇二四年四月)。特に過疎地や郊外の住宅団地に顕著で、周辺の生活環境にも深刻な影響を及ぼしたことから、「空き家等対策の推進に関する特別措置法」が二〇一五年、議員立法で施行された。

このような状況下にあっても、新設住宅は毎年八〇万戸も着工されると、空き家もまた増加する。特に、戸建て住宅は築二〇~二五年ほどで市場価値がゼロか粗大ゴミとしてマイナス評価される。一九七〇~一九九〇年代に建設された住宅の殆どが資産価値ゼロかマイナスと評価された。二〇〇三年から二〇一三年までの一〇年間に、全国の空き家が六五九万戸から八二〇万戸と毎年一六万戸以上増加し続けた。種類別では賃貸用が四六〇万戸、その他が三一八万戸で、このうち木造一戸建てが二二〇万戸と最も多い。

前者のうち、耐震性があり、腐朽・破損がない上、駅から一キロメートル以内で十分利用可能な住宅は一三七万戸、後者では四八万戸と、合計一八五万戸の住宅は十分利用できる状況にある。このような住宅に関しては、国は特定既存住宅情報提供事業者団体登録制度により「安心R住宅」を付与し、中古住宅市場を支援している。また、管理不十分で放置することが不適切な空き家等は「特定空き家等」として、市町村長が法の規定に基づいて勧告することができ、除去の行政執行も可能とし、その敷地について固定資産税等の住宅用地特例の対策から除外することになった。かくして空き家は、壊すべきものは除去し、利用可能なものは活用するとの考え方の下、地場のまちづくり、住まいづくりを国は支援することになった。

しかし地方自治体の限られた予算では、この膨大な空き家の解体・除去の予算のみならず、利用にあたっての用途転換や中古住宅市場への介入は、新設住宅を野放しにしておく限り、今後共、空き家の発生増大を止めることは不可能である。

二〇一七年八月、全国空き家対策推進協議会が設立された。二〇二三年五月には参加団体数は一〇二一団体に及んでいるが、今後の一〇年間を予測しても、年間、少なくとも五〇万戸以上の新築住宅が建設されるとすれば、解体・除去と用途転換を一段と活性化させることが不可欠である。

日本と米・英・仏の中古住宅と新築住宅の流通市場実態によると、日本の住宅市場のほとんどが新築九五％であるのに比べて、米国では新築一七％、中古住宅が八三％と圧倒的に中古住宅の占める市場が大きい。この状況は英・仏においても同様である。よく欧米の建築家や建築好きの夫婦が中古住宅を購入して、自分たちの好みに合わせＤＩＹ店を活用して一所懸命家を改装した結果、購入時より高価に売ることができ、それが家計を助けたという話を聞く。購入時より立派な家に家族で作り替えることは、国富の増大に直結する。

図３に日本と米国の住宅投資に対する国富の増加状況を示す。米国の住宅投資は、投資した分がストック額を上回り、確実に国富の増大になっている。これに比べて日本は、築二〇年ほどで資産価値がゼロになることから、全く国富の増大になっていない。五〇年後は投資の半分以下と、日米における住宅事業の違いが際立っている。

このような実態を改めるため、空き家対策等の推進や長期優良住宅の品質確保法や中古住宅の流通、住宅のリノベーションやインスペクション等により、安心して中古住宅が売買できる対策が必要である。仮に、二地域居住制度が定着し、さらにそれぞれの住宅が世界に誇れる立派な住宅として価値ある姿になれば、日本の国富を増大させるのみならず、豊かな住生活環境が生まれ、美しいまちづくりにも寄与する。反対に、空き家を放置して

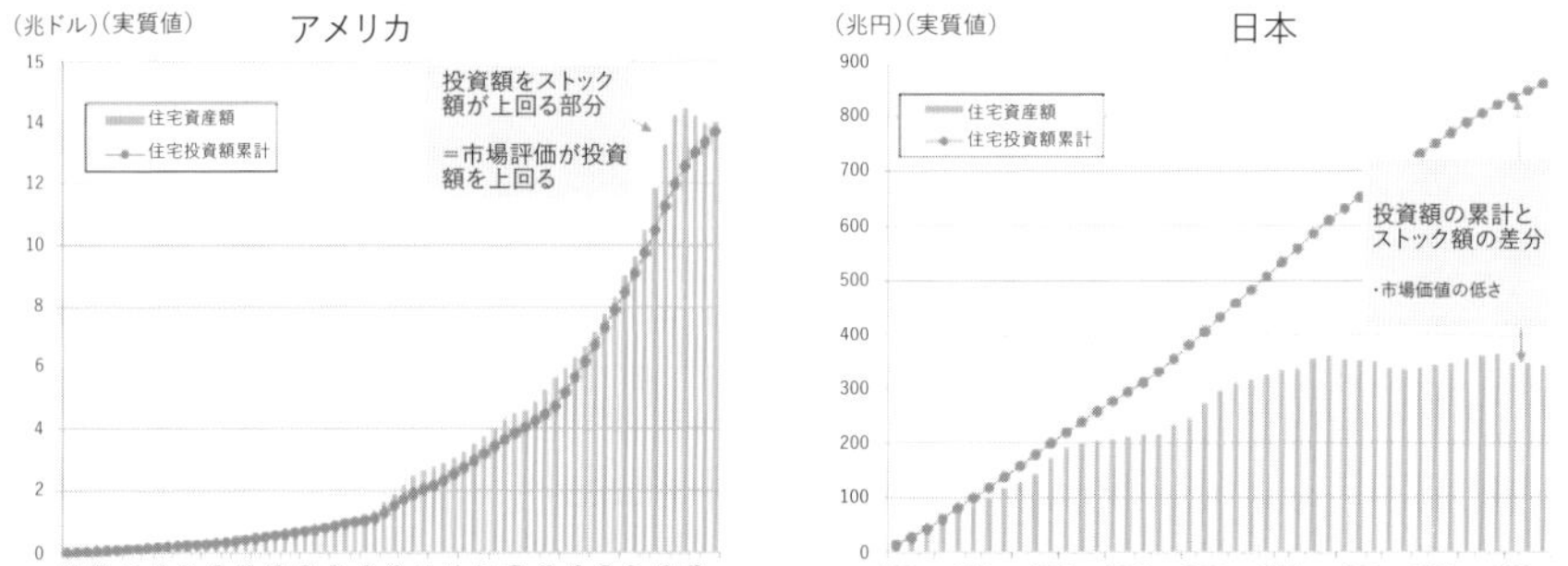

図３　日米の住宅投資額累計と住宅資産額（内閣府資料をもとに作成）

おけば、国土が粗大ゴミで埋まり、想像するまでもなく観光立国をめざす日本の今日的状況では景観破壊が進むため、空き家対策は迅速を要する。

（2）二拠点居住と地方創生

二〇〇五年、国土交通省の研究会で、都会で暮らす人が週末や一年の内の一定期間、農山村で暮らすことによって、新しいライフスタイルを実現することになれば、地方創生に寄与すると報告された。

国土交通省のみならず、農林水産省や総務省、さらには内閣府でも「マルチハビテーション」「二地域居住」「交流居住」「季節居住」「週末居住」「テレワーク」「半定住」「ときどき県民」「体験型半定住」「金帰月来住宅」等々の表現で都会と地方との双方向の流れを推進する意義が語られ、実装の調査やモデルが推進されている。

しかし、この推進にあたっては、これまでのライフスタイルや慣習のみならず、法制度的改正なくして容易に進まないことが多く、社会の変改に伴う幾多の試みの中から、新しい日本人のライフスタイルが生まれることになろう。

友人で物理学者の田尾陽一氏は、原子力を学んだ専門家の一人として、原発事故に対する責任から、二〇一五年に東京から福島県飯舘村に移住することになった。現住所によって住民票や税金など全ての生活基盤が一か所であることを定めている日本の法律が実態とかけ離れて、面倒なことが家族に及んでくるためだとして。日本の家制度の歴史も引きずって、移住しなければコミュニティの一因にも加えて貰えないのが現状だからである。マイ

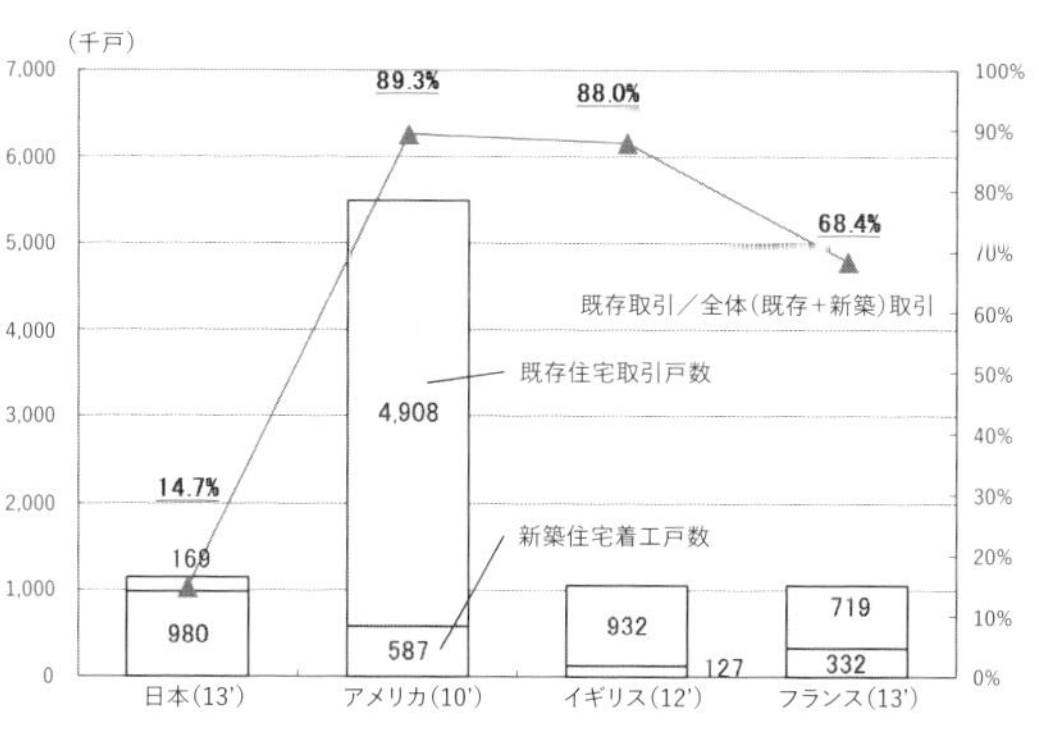

図4 日米の既存住宅流通シェアの国際比較（総務省「住宅・土地統計調査」、国土交通省「住宅統計」資料をもとに作成）

ナンバー制度やネット社会が定着しつつある今日でありながら、東日本大震災から八年にして、五万人以上の仮設居住者が存在すること事態が異常である。* 持ち家の管理能力さえあれば、二か所に自宅をもっていることによって、自然災害のみならず、原発災害に対しても、どれほど安心できることか。もし空き家をみなし仮設として活用すれば、国は何万戸もの仮設住宅を、災害救助法による国費負担で建設する必要がなくなるからだ。

Society5.0社会の日本人は、自己実現を求めて多様な選択が可能な社会制度づくりを求められており、その最大の障壁は、現住所を一か所に定めていることにある。最低限、大都市と地方の二地域に定住可能な社会制度を法的に完備してほしい。

原発再稼働許可条件に広域避難を可能にする地方自治体の責任がある。そのためには、受入側の避難施設のみならず、長期にわたる場合の仮設住居やみなし仮設住居の必要性がある。

二〇〇〇年に一度から一〇〇〇年に一度の水害予測が中央防災会議から発表された結果、東京江東五区（墨田・江東・足立・葛飾・江戸川）では、荒川と江戸川の同時氾濫で殆どが水没、人口の九割以上の二五〇万人が浸水する。最大で一〇メートル以上の深い浸水に加えて、建物が壊れるほどの激しい流れで、二週間以上も浸水が引かない状況下、避難所も浸水してマンションの三階以上でも電気やガス・トイレが使えない上、誰も助けに来てくれない。従って、広域避難が余儀なくされる。まずは親戚や知人宅、宿泊施設棟は各自で確保しておくしかないのが実態である。

このような水害対策は、埼玉県川口市も同様で、新市庁舎建設にあたって、四メートル以上の水没地点であることに加えて、市民六〇万人のうち二〇万人が浸水するとあって、要配慮者の事前広域避難の必要性もある。その対策を奥ノ木信夫川口市長に伝え、その対策として、長野県立

* 震災後、最大で一一万人余りが暮らしたプレハブの仮設住宅の入居者は、二〇二一年三月時点で二四人。賃貸住宅を借り上げる、いわゆる「みなし仮設」には福島県を中心に全国で一六四〇人が暮らす（NHK、二〇二一年）

科町との避難協定についての覚書を提案する。災害時対策協定よりは平常時の親善交流的な協定であれば、市町村間協定よりも商工会議所間の民間協定の方がスムーズとして、友好都市や姉妹年間協定の如き、平時から毎年、一〇〇人程度の交流を続けることで、災害時の受け入れ、送り出しの相互協定に発展させた方がベターとの見解になった。

　このような交流であれば、全国的にたくさんの凡例ができるはずとして、その実態を調べることにした。東京都では、各区に広域避難対策として、二〇一八年一一月「首都圏における大規模水害広域避難検討会」を設置して①広域避難場所の確保、②避難手段の確保と誘導等について検討を始めた。

　二〇二四年三月、川口市の奥ノ木信夫市長と立科町の両角正芳町長が長野県の局長を立会者として「森林の里親（かわぐち・たてしなの森）協定書」に調印した。その目的は、森林の保全及び地球温暖化対策の推進と森林等を活用した交流事業を実施し、甲乙相互の交流の促進を図ることである。範囲は、立科町大字芦田八幡野西野沢団地六七〇ヘクタールのうち六五一ヘクタール（CO_2吸収量の相殺）として、川口市は、この森林から得られるCO_2吸収量について、長野県「森林の里親推進事業」CO_2吸収評価認証制度に基づき、毎年森林整備の実績報告を行い、CO_2吸収量の申請を行うことができる。川口市は、認定されたCO_2吸収量を、川口市のCO_2排出量から相殺する。立科町の協

図5　池の平ホテル

図6　尾骨山荘

力として、森林の利活用を図るとともに、川口市との交流を積極的に進める。

こうした協定後、八ヶ岳研究会*では、森林から得られるCO_2は、バイオマスの利活用についての事業化と共に、環境観光事業や災害時のバックアップ施設の検討が始まっている。

図7 立科町の中心に立つ三望台
（南北二六キロメートル、東西〇・〇五〜七キロメートルと南北に細長い町の中心のくびれた県道四〇号に沿って位置し、北には浅間山（二五三〇メートル）、東に荒船山（一四二三メートル）、南に蓼科山（二五三〇メートル）が望める三望台周辺が「かわぐち・たてしなの森」

*二〇〇三年、尾島研究室の学生達が手づくりした八ヶ岳山荘に停年退職後の研究室資料を保管し、毎年夏合宿所として活用してきたが、二〇一一年の東日本大震災を機に、八ヶ岳山麓が縄文時代からの歴史拠点であることから災害時のバックアップ拠点として有望と判断。二〇一三年には、第一〇回アジア都市環境学会や日本景観学会、縄文国際シンポジウムをこの地で開催した。そして環境と観光の拠点として、八ヶ岳山麓の発展を考える組織として八ヶ岳研究会を設立、二〇二〇年には、池の平ホテルの矢島義拡社長、元環境省事務次官小林光氏、地元ミライ化成の中川景介社長、JESの福島朝彦氏と尾島の五人を幹事として毎年三回の研究会を通して（株）白樺村を事務局に八ヶ岳のエイトピークに倣って①観光、②ゼロカーボン、③二地点居住、④防災、⑤地方創生、⑥縄文、⑦白樺湖畔、⑧出版広報活動を行っている

3　レガシーをつくる

(1) この都市のまほろば

日本画家の東山魁夷は『日本の美を求めて』(講談社、一九七六年)で倭建命《やまとたける》が臨終に近いとき、望郷の地である「やまとしうるはし」の場所を特定している。

奈良県桜井市の三輪山(四六七メートル)のふもと、檜原神社の下に、作家・川端康成先生の歌碑「大和は国のまほろば…」の前に立って、大和平野を見下ろし、西のはてに二上山を中心として、左に金剛・葛城、右に信貴・生駒と山なみが続く。平野の中ほどに耳成・畝傍・香具の三山が本当にほどよい間隔で、まるで小島が浮かんでいるように見える。目の下には箸墓の黒々とした森が見えておりまして、本当に「くにのまほろば」という感じがします。

筆者もこの場所を訪ねて実感共鳴した。

『日本《やまと》は世界《くに》のまほろば』と題して、二〇一〇年、中央公論新社から出版した。その序で、「年間二〇都市ずつ五年間、百都市を目標に、歩きながら考えたのは、消えるもの、残すものそして創ることであった」。このあとがきでも記したが、「日本の都市について過去を振り返った書物はたくさんあるが、未来の姿が見えない」と友人から言われたので、同書の第一章に「二〇五〇年の世界」と題して地球環境問題や大都市問題、高度情報社会のあり方やエネルギー問題などを展望、第三章には「日本のあるべき姿」、第八章には「日本人の新しい生活様式や価値観の変換」について展望している。この書をもって、公開出版を終えるつもりであった。しかるに、二〇一一年、あろうことか、東日本大震災で未曾有の地震と大津波に加えて、福島原発事故である。

日本を見直す必要性を痛感して、このシリーズで書かなかった東京のあるべき姿と、地方の小都市を中心に『この都市のまほろば』二巻を追加した。取材を始めてから一〇年間に、政令指定都市二〇と東京特別区二三のほかに、各市七六八を加えて全国八一一都市のうち六二〇都市（都市数比で七七%、人口比で九五%）を歩き回った。それでも日本は広く、深く、表層を歩いただけでは「消えるもの、残すもの、創ること」を書くのは容易でなかった。日本全国に寺院は七万七〇〇〇寺、神社は八万一〇〇〇社あり、どの都市でもランドマークになり続けているのに反して、本当に残したい町並みや公共建築は意外に少なかった。これからの日本の都市には、もっとレガシーなるものをつくり続けることが都市環境学を開く要点と実感した。

ところで、レガシーを「遺産」と訳せば、「遺産」とは、人の死後に遺した財産、即ち、所有権者の存在しなくなったときに遺された財産である。その財産を評価する機関が、世界レベルのものであれば世界遺産となり、地域レベルのものであれば地域の遺産、産業や農業分野で認められる資産価値があれば、産業遺産とか農業遺産と呼ばれる。価値評価尺度として、金銭に換算するとか相対的にランク付けするとかして、これを登録するための機関として、最も高いレベルに、一九七二年のユネスコ総会（本部パリ）で採択された「世界の文化遺産及び自然遺産の保護に関する条約」がある。

この条約に基づいて文化財、景観、自然など人類が共有すべき「顕著な普遍的価値」のある物件で、移動が不可能な不動産が対象となる。分類すると文化遺産（世界遺産）はCultural Heritageと呼ばれ、記念工作物、建造物群、遺跡等である。また自然遺産（世界遺産）はNatural Heritageで、自然が残る学術上、保存上、または景観上、顕著な普遍的価値を有する地域である。他に複合遺産（世界遺産）や危機遺産、国境を越える資産、負の世界遺産等が登録される。

ユネスコのほかの世界遺産として、無形文化遺産と世界記憶遺産があり「ユネスコの三大遺産事業」と呼ばれ、表2に日本が世界に誇れる世界遺産リストを記す。別途、世界農業遺産(Globally Important Agriculture Heritage System: GIAHS）は、国連の食糧農業機関（FAO。本部ローマ）が二〇〇二年「近代化の中で伝統的な農業・農法・生物多様性が守られた土地利用・農村文化・農業景観などを「地域システム」として一体的に維持保全し、次世代に継承していく地域」を登録するものである。認定地域は二〇一八年四月で、二〇か国五〇サイトで、この中、日本には一一地域が認定されている。筆者が『日本の国富を見なおす』（二〇一七年）に記した静岡の茶草場農法やわさびの伝統栽培、国東半島・宇佐の農林水産循環などである。

世界遺産の条約の第一条に建造物遺産群があり、日本の世界遺産の多くは奈良や京都の建造物群である。二〇一六年にル・コルビュジエの国立西洋美術館が登録されたのをきっかけに、近代建築として国立代々木競技場を世界文化遺産に登録する可能性を考える際、後述するようにまずは登録を可能にする人脈を創る必要性をも知った。

（2）次世代の公共建築

雑誌『公共建築』（公共建築協会、二〇一二年十一月）で、鈴木博之が記すには、「明治以降の

表2　日本の世界遺産（二〇二四年）

文化遺産21件					
1993	法隆寺地域の仏教建造物	奈良	2015	明治日本の産業革命遺産 製鉄・製鋼、造船、石炭産業	福岡・佐賀・長崎・熊本・鹿児島・山口 岩手・静岡
1993	姫路城	兵庫	2016	ル・コルビュジエの建築作品 - 近代建築運動への顕著な貢献	東京
1994	古都京都の文化財（京都市、宇治市、大津市）	京都・滋賀	2017	「神宿る島」宗像・沖ノ島と関連遺産群	福岡
1995	白川郷・五箇山の合掌造り集落	岐阜・富山	2018	長崎と天草地方の潜伏キリシタン関連遺産	長崎・熊本
1996	原爆ドーム	広島	2019	百舌鳥・古市古墳群 - 古代日本の墳墓群	大阪
1996	厳島神社	広島	2021	北海道・北東北の縄文遺跡群	北海道・青森・岩手・秋田
1998	古都奈良の文化財	奈良	2024	佐渡島の金山	新潟
1999	日光の社寺	栃木	自然遺産5件		
2000	琉球王国のグスク及び関連遺産群	沖縄	1993	屋久島	鹿児島
2004	紀伊山地の霊場と参詣道	三重・奈良 和歌山	1993	白神山地	青森・秋田
2008	石見銀山遺跡とその文化的景観	島根	2005	知床	北海道
2011	平泉 - 仏国土（浄土）を表す建築・庭園及び考古学的遺跡群	岩手	2011	小笠原諸島	東京
2013	富士山 - 信仰の対象と芸術の源泉	山梨・静岡	2021	奄美大島、徳之島、沖縄島北部及び西表島	鹿児島・沖縄
2014	富岡製糸場と絹産業遺産群	群馬			

表3　日本のユネスコ無形文化遺産（民芸・芸能・祭り等）

能楽	2008年	組踊	2010年
人形浄瑠璃文楽	2008年	結城紬	2010年
歌舞伎（伝統的な演技演出様式によって上演される歌舞伎）	2008年	壬生の花田植	2011年
雅楽	2009年	佐陀神能	2011年
小千谷縮・越後上布	2009年	那智の田楽	2012年
奥能登のあえのこと	2009年	和食：日本人の伝統的な食文化	2013年
早池峰神楽	2009年	和紙：日本の手漉和紙技術（構成／石州半紙、本美濃紙細川紙）	2014年
秋保の田植踊	2009年	山・鉾・屋台行事	2016年
大日堂舞楽	2009年	来訪神：仮面・仮装の神々	2018年
題目立	2009年	伝統建築工匠の技：木造建造物を受け継ぐための伝統技術	2020年
アイヌ古式舞踊	2009年	風流踊	2022年

建築を考えても、国の文化財として赤坂離宮・迎賓館が国宝に指定されているし、近代以降の建築が多く含まれる登録文化財は九千件を超えている。機能主義建築は機能が古びたら消えてゆくのが当たり前と主張する人もいた。しかし、現在、こんなことを信ずるひとはいない。長期間使用されつづけるなかで、やがて歴史的・文化的価値をもつようになってゆく」。

私はこの「歴史的・文化的価値こそレガシー」という言葉こそ次世代の公共建築のキーワードと考えた。明治維新の日本が近代化の証として、鹿鳴館などを設計したお雇い外国人建築家ジョサイア・コンドルの弟子である片山東熊に一九〇九(明治四二)年、東宮御所を設計させた。ネオ・バロック様式で、あまりに華美で、住居としては使い勝手が良くなかったためか、大正天皇の離宮として使われ、赤坂離宮と称した。しかし第二次大戦後、皇室から国に移管され、一九六四年に大改修し、本館は村野藤吾、和風別館は谷口吉郎の設計協力で、一九七四年、正式に赤坂迎賓館となり、最初の国賓としてフォードアメリカ大統領が使用した。その後も二〇〇六年から二年かけた大改修工事が行われて、二〇〇九年一二月、旧東宮御所(迎賓館赤坂離宮)として、明治以降の文化財として、本館、正門、主庭の噴水池等が初の国宝に指定された。

二〇一五年九月一〇日にロンドンを訪問した際、ちょうどエリザベス女王が祖母のビクトリア女王の在位を超えた記念日にあたった。そのためバッキンガム宮殿の内部から裏庭まで拝観することができた。そのときに実感し、また二〇一七年一二月、改めて赤坂離宮本館を拝観して、片山東熊は宮廷建築家として、いかにこの建物を参考にしたか理解できた。

一九九四年一〇月、国立京都迎賓館の建設が閣議決定された。洋風の赤坂迎賓館とは対照的な和風建築として、日建設計が設計を担当した。江戸時代には複数の公家の邸宅が建っていた京都

図8 赤坂迎賓館 (Wikimedia Commons)

御苑の敷地北東部に鉄筋コンクリート造、地上一階（地下一階）、延床面積約一万六〇〇〇㎡でつくられた京都迎賓館。その設計を指導した中村昌生氏は、「日本の文明開化はこれでやっと終焉か」と喜んだ。「屋根はステンレスとニッケル複合材、鉄筋コンクリート造といっても見える所は全て木造。土庇縁のバランスから内法寸法を五尺八寸（一・九一メートル）から三・二五メートルの高さにしたこと」。また、日建設計で現場を直接担当した中村光男会長は「日本建築の伝統の上に現代建築をつくった。その上で京都ならではの職人が集められ、設計に五年半、施工に三年、赤坂迎賓館を充分に意識した」とのこと。

維持保全にあたっては、一一職、三〇社、一五代目、七人の人間国宝の人々が一堂に会した設えの場であったことから、一年ごとに懇親会をこの場で開催して、自分たちの成した仕事を見直している由。これまでの京都人は「またあれか、どうせ国がつくるなら関係ないわ」であった。

しかし一般競争入札と分離したことから、組合に入っていない人や日頃評価されていない人々や後ろ向きで仕事をしている和風家具や伝統職人・作家・技能者等、多様な人々も参加させた結果として、壁・床・天井・襖・障子・照明・机・椅子・調度品等々の作品は、日本の国富となり、レガシーになった。

（3）国立代々木競技場を世界遺産へ

空調ノズルの設計

一九六二年春、東京オリンピックのために代々木のグランドハイツ跡に国立代々木競技場が建設されることになった。実施設計は東京大学の丹下健三教授、構造は東大生産技術研究所の坪

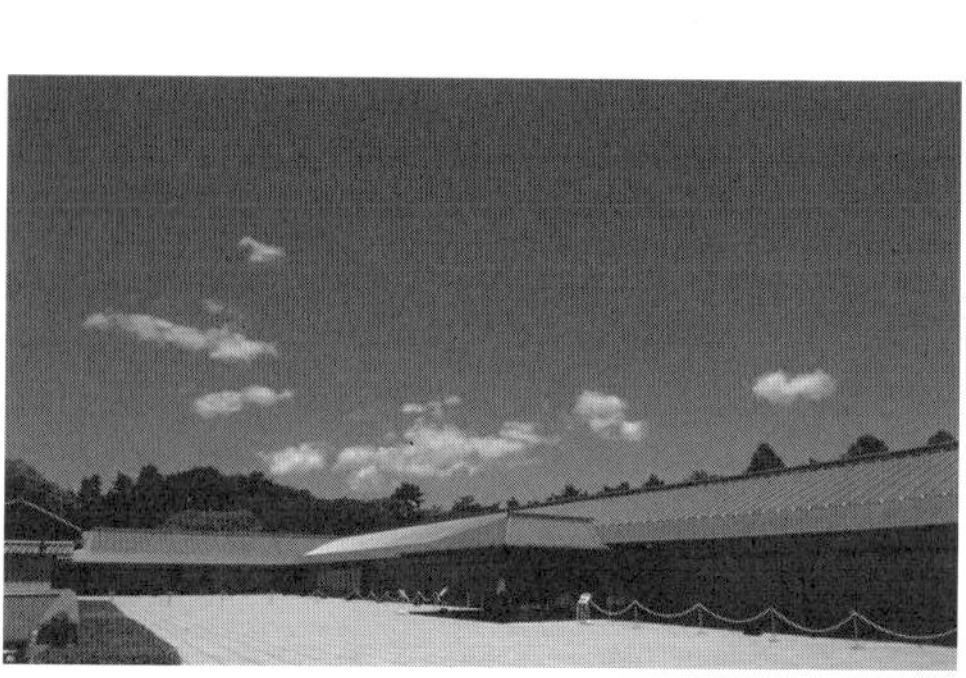

図9 京都迎賓館（宮内庁、Wikimedia Commons）

井善勝教授、設備は早稲田大学の井上宇市教授が担当することになった。これは井上研に在籍することになっていた私にとっては大事件であった。その前年に立山で骨折した足を引きずりながら、井上先生のお供で本郷の丹下研究室に毎週出かけた。丹下研の活力は大変なもので、廊下まで製図板を並べて、神谷宏治・長島正充さんを中心に助手や院生等が日夜作業していた。

一九六三年春、基本設計完了直前、予算が足らず、設備費の三〇％削減要求が出された。予算を削減するため、直径一・二メートルの大型ノズルを大砲のように上下左右四個ずつ合計十六個を配置し、風速毎秒五〜一〇メートルで吹き出し、風の慣性を利用し、座席面風速を同〇・五メートルにする計画を提案した。この案は常に正攻法の井上先生を怒らせたが、結局、予算面で冷凍機を買うことができないため、風で暑さを防ぐこの方法を採用せざるを得なくなった。

体育館の形態が複雑で、計算では予測できないことから、その実験を井上研から東大生研の勝田高司教授に委託することになった。言い出した私が責任をとるかたちで、五〇分の一模型の製作や、気流実験の装置づくりを担当することになった。ノズル（吹き出し口）から吹き出された気流は、外気をそのまま吹き出しても室温が外気より高ければ冷風となって下向し、逆の場合は上昇する。したがって、その温度差によって巨大なノズルを大砲のように上下左右に動かす必要がある。それを五〇分の一模型で次元解析し、実物を予測するに当たって、井上先生はロシアのバツーリンが書いた製鉄工場の模型実験資料を持参され、ロシア語からドイツ語に翻訳されたものを私が日本語に翻訳。強制流体の無次元数であるRe（レイノズル数）と浮力のAr（アルキメデス数）を用いて模型室内の気流測定結果を実物に換算。これに勝田研の自由噴流の計算手法を組み合わせることで実験を続けた。この模型実験は同じ東大生研内で吊り屋根構造の実験を始めた

図10 代々木競技場（一九六四年。田中俊六君と）

坪井研究室より半年も早く実施した。そのため丹下先生はじめ、たくさんの設計関係者が見学に来て、手伝ってくれた卒論生ともども、その刺激で日夜強行実験が続いた。

博士課程の三年間は空気流の実験と実測の毎日で、空気の特質や流れの慣性を肌で体得することができ、計測装置の誤差すら見つけることができるようになった。このときの体験は、後に磯崎新さんの一九九〇年バルセロナオリンピックの体育館（サン・ジョルディ・パレス）の設計に役立った。これは丹下先生の弟子であった磯崎さんから突然、バルセロナへのファーストクラスの切符が送られてきて、坪井先生の弟子の川口衛さんと井上先生の弟子である私が協力することになった。バルセロナのプロジェクトでも予算がなく、大屋根の構造見直しや外気冷房を余儀なくされていた。

結局、このときも模型実験が必要になり、東大生研で勝田先生の弟子の村上周三さんにお願いすることになった。構造や設備の設計には高度な技術が必要になり、スペインからやって来た関係者は実施設計から管理まで日本チームが引き受けざるを得なくなり、結果は大成功した。この人脈は一九七〇年の大阪での日本万国博会場の設計にあたっても日本で初めて、世界でも最大の地域冷房やお祭り広場での人工気候の実現を可能にしていた。

世界遺産へ

二〇一五年の槇文彦さんからの年賀状に、「国立代々木競技場を世界遺産に登録するにあたって協力して欲しい」とあった。しばらくして深尾精一さんが銀座のオフィスに見え、丹下門下の槇さんを中心に、孫弟子の隈研吾さんを事務局長として、代々木競技場を世界遺産に登録するための会をつくる。ついては、川口さんと私に顧問になって欲しいとの要請を受けた。ル・コルビュジエの一連の作品が世界遺産に登録されたわけだが、国内随一の作品である国立西洋美術館の設計を手伝ったのは、ル・コルビュジエの弟子である前川國男・坂倉準三・吉阪隆正等、日本の近現代建築を代表する建築家たちで、彼らの弟子たちが世界遺産に登録するための推進者であった。建築がArchitectureと呼ばれ、つくるときもそれが継続されるにあたっても、それを愛し、支援する人脈の大切さを教えられる。

鈴木博之さんが逝くなる直前、世界遺産登録には当初からのオーセンティシティ（Authenticity真正性）が不可欠と話していたこともあって二〇一七年二月、改めて代々木競技場を案内してもらった。プールが廃止されたことから二〇〇二年に飛び込み台が消えたり、二〇〇九年に井上先生が逝去され、その直前に競技場の大屋根裏のアスベスト断熱材が除去されたりした。その上冷房予算が認められ観客席には冷房装置も入ったが幸い、巨大ノズルは換気として十分に利用されていた。何はともあれ、見た目には全く変化がなかったので一安心する。

こうしたオーセンティシティを大切に改築されたことなどについては、井上研の卒業生が『井上宇市と建築設備』（丸善）を出版しており、この本にはいま少し詳細に記録があるので、以下、引用しておく。

> 丹下研の神谷・長島氏を中心とする最初の基本計画が出来た段階で、冷房費がない上、鉄板屋根で天井が低く、一万四〇〇〇人の観客が入ると、室温は三〇℃近くなる。一人当たり換気量三五㎥／hとして、全体で五〇万㎥／hの外気を送るには、径一・二m、一六個のノズルを

図11　国立代々木競技場を世界遺産へ

用いて、吹き出し風速八m／s、到達距離一〇〇m、残風速〇・五m／s、居住者の頭上で一m／s〜〇・五m／sを均一に分布させる模型実験が不可欠であった。東大生研の勝田研に早大卒論生を動員して、次元解析で五〇分の一を最低縮尺とする模型を作成。このスケールで初めて天井とアリーナ間にある客席の温度や風速計算が可能となりその上、室内の雰囲気が分かることから、丹下研をはじめ意匠や構造の設計担当者もたくさん見学に来た第一号の巨大模型となった（図12）。

客席にとって大切なのは、一〇月のオリンピック時、照明や人体によって上昇する温度を一・〇〜〇・五m／sの風によって、実質体感温度を二五℃以下にすることであった。しかもノズルからの一時噴流ではなく、それによって誘引される二次気流と三次の気流とも考えられる側壁や床、天井に沿って流れを変える気流が合成された風であり、これは模型からの次元解析結果でしか得られない。

五〇万㎥／hの外気を一六個の巨大ノズルから吹き出し、アリーナ部分から吸い込み、外気へ放出する送排風機の配置図（図13・14）を見て思い出したのは、騒音対策であった。RA（吸い込み空気）とEA（排気）、SA（吹き出し）、FA（外気）の流れを構造用のコンクリート壁体の間の空間やチャンバー、コンクリート壁の開孔部や鉄板のブレード（羽根）で風向調整して、五〇万㎥／hの風を流すと同時に、吸い込み側のみならず、ノズルの吹き出し側でも送風機騒音が各周波数毎にNC四〇以下にする必要があった。コンクリート側壁やチャンバー内に厚さ五〇ミリの岩綿板をグラスクロースで鋲止めすることで、巨大ダクト等を設けないで最小限のコ

図12 大型ノズルの模型実験

ストでこの換気システムを完成させたことを特筆しておきたい。この換気は、オーセンティシティの貴重な技術であり、これが三〇年後の大改築時にも幸いなことにそのまま残っていた。槇さんから世界遺産登録にあたって世話人を頼まれたことから、以上のことを現場で改めて確認できたことは記しておきたい。

二〇一七年一一月一〇日、六本木の国際文化会館セミナー室で「代々木屋内競技場を世界遺産にする会」として、槇文彦・隈研吾・西村幸夫・深尾精一・川口衛・福澤健次・山名善之・松隈洋・藤井恵介・後藤治ほか各氏が集った。ゲッティ財団による五〇〇〇万円ほどの助成を受け、競技場の調査についての報告の経緯を聞くに、進んでいる様子。世界遺産の日本国内での登録に当たっては、国の重要文化財に指定されることが第一歩ということだが、重文指定等の事務局として、東大の千葉学研究室が担当し、予算としてはGC各関係者や資料要求を、清水建設・大林組を中心に要請することを決めた。

二〇二〇年一月二二日、六本木の国際文化会館で、第二回国立代々木競技場を世界遺産にする世話人会で、槇会長や隈副会長等との話し合いで、まずは事務局を一般社団法人とし募金をした上で、強力な支援体制を要請する。翌年六月一日、（一社）国立代々木競技場世界遺産登録推進協議会の第一回協議会が、国際文化会館セミナー室で開催された。代表理事は、東京大学特別教授の隈氏、事務局長は千葉大准教授の豊川斎赫氏、連絡係は東京藝大の長谷川香氏。当日は槇氏も特別顧問として出席された。そして、二〇二一年度には前段となる国重文になることも決定し、気運が高まった。

二〇二一年九月二日、登録推進協議会主催の第一回シンポジウムが、六本木アカデミーヒルズ

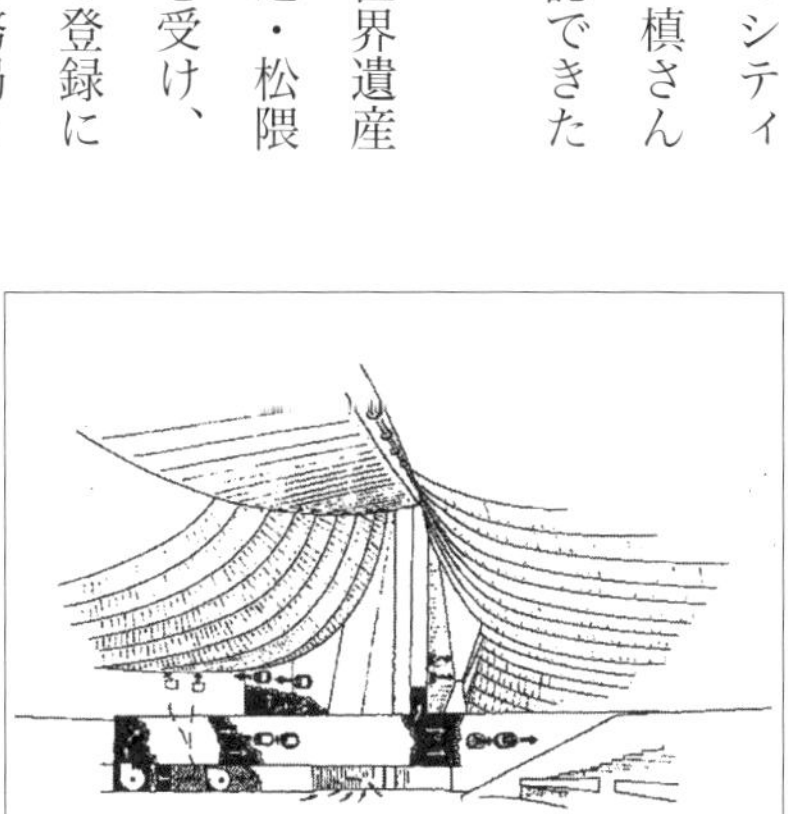

図13 第一体育館 ノズルの位置

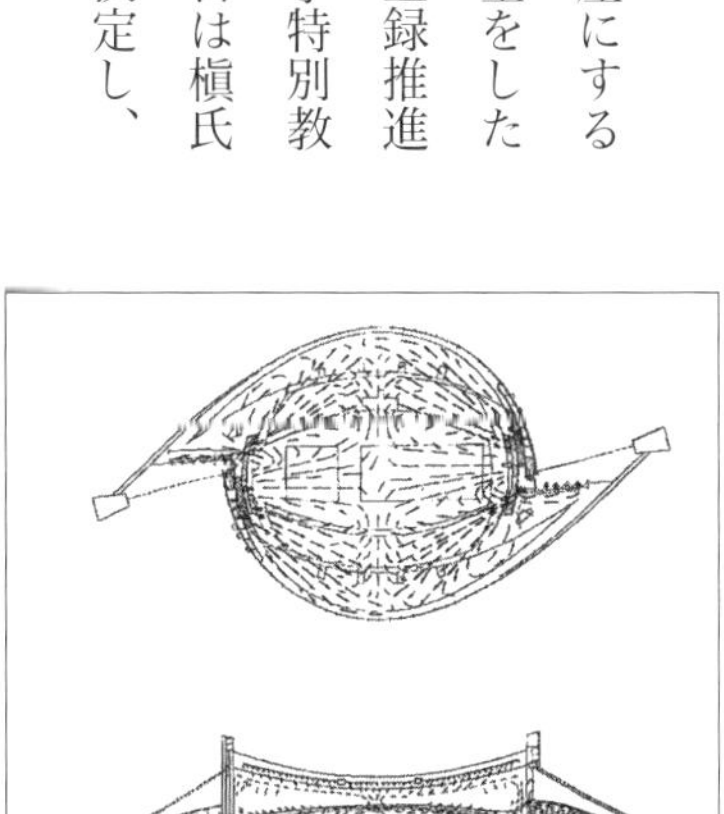

図14 第一体育館 空調循環平面図・断面図

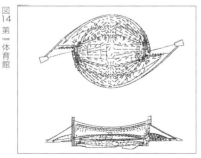

で、第一六回DOCOMOMO国際会議2020+1東京実行委員会との共催で挙行された。

建築史家の後藤治氏は、丹下健三の国立代々木競技場を世界遺産に登録するには、第一に日本国の法で認められた作品であること。この条件は二〇二一年に重要文化財に指定されたことで第一条件をクリアした。第二は、日本の文化庁の世界遺産リストに登録されること。第三は、ユネスコのリストに、第四は、そのためには海外の調査を受けることであると解説を受ける。今回、共同でシンポジウムを開催したことで、広く海外の専門家に代々木競技場の素晴らしさを紹介できたことや、登録推進協議会のこれから果たすべき道程について講演された。続くディスカッションの司会は豊川斎赫氏。当日の資料として、豊川著『国立代々木競技場と丹下健三』（TOTO建築叢書12）と英文版「YOYOGI National Gymnasium and KENZO TANGE」を配布された。

また、豊川著の二三九頁、アスベスト除去に関して、二〇〇五年七月の朝日新聞投書欄「声」で、「代々木競技場の屋根裏でのアスベスト吹き付け工事で職人が呼吸不全で亡くなった」との記事があったとある。『井上宇市と建築設備』八七ページ（図15）で、確かに井上先生は「屋根面からの熱の流入を少なくするために、わしが吹きつけを進言した」との記載。一九七五年に吹き付けアスベストは禁止され、二〇〇五年頃、本格的に健康被害が報道され、二〇〇六年にアスベスト被害救済法が制定された。二〇〇六年三月に代々木競技場の除去予算がつき、除去された経緯については両著に記載もある。私自身も一九六四年のオリンピック開催直前、アスベスト吹き付け直後の天井と屋根の間にあるキャットウォークから室内環境の実測で何日間もこの屋根裏で過ごしたことが原因と思われるアスベスト破片が肺に何個かいまも残っており、慈恵医科大学で毎年MRT検査して健康確認をしている。当時の建設現場や新技術導入に当たっては、多分に体を

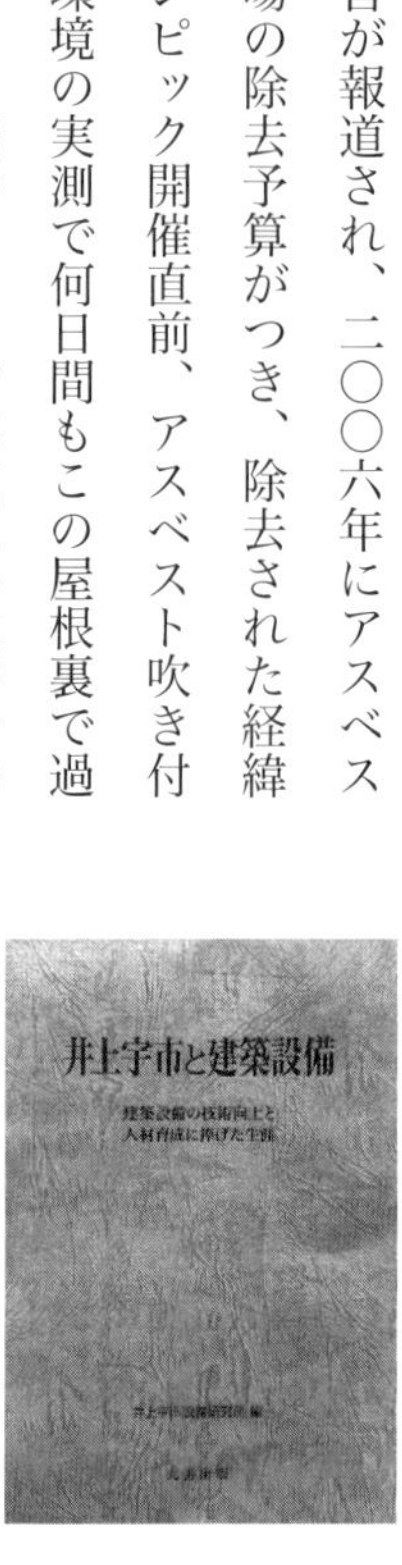

図15 井上宇市設備研究所編『井上宇市と建築設備』丸善出版、二〇一三年

張っての仕事は当然の時代であったか。二〇二一年九月のコロナ禍、改めて当時の資料を見直した。

世界遺産登録にあたってのオーセンティシティの調査は、これからますます重要になると思われ、プラス・マイナスを含めてのエビデンスは貴重である。

4

DXとエネルギー

DX（デジタル・トランスフォーメーション）という用語は、二〇〇四年、スウェーデンのエリック・ストルターマン教授が提唱し、ITの浸透によって人々の生活をあらゆる面でより良い方向に変化させる」と定義したことに由来すると言われている。

デジタル・トランスフォーメーション（Digital TranSFormation）の頭文字では「DT」と略すべきが「Trans」を省略する際「X」と表記されることから「TranSFormation」が「X」に代わり、「DX」と表記される。

アナログからデジタルに変換されることによって「あいまいさ」から「白・黒」の決定が明らかになることによって、日常的に良いこともあれば悪いこともあるが、あえて良い方向に動くと思われるときに限って、デジタルで決まった方法で行動することをもって、DX時代をつくろうとする試みである。

しかし、社会には立法・行政・司法があって、善し悪しを決めるにあたって、デジタルかアナログかを決めるのが立法、立法府がデジタルと定めては自由がなくなる。立法で決まったことを実行するのが行政であるから、行政庁はデジタル的であることが望ましい。デジタル的で決まったことで問題があれば、司法が白・黒を決める。司法はアナログ的判断とデジタル的決定に対して、その善し悪しを決める。かくして、人道主義とも考えられる民主主義（自由主義）社会が成立している。人々の多様性こそ自由であること、それはデジタルのみではないと考えるべきである。あくまで人間的とは、あるいは自由とは、アナログ的社会である。一党独裁政権下でのデジタル行政は、非人道的決断を下すことが多いとも考えられるだろう。

エネルギーに関して、政府は二〇二〇年一〇月、二〇五〇年カーボンニュートラル宣言を行い、

章扉写真／尾島怜子撮影

翌年四月には二〇三〇年度の温室効果ガス四六％削減（二〇一三年度比）、さらに五〇％削減の高みに向けて挑戦を続けることを表明した。

岸田首相は二〇二二年五月、上記の国際公約と産業競争力強化・経済成長を同時に実現するため、今後一〇年間で一五〇兆円超の官民協調でＧＸ（グリーントランスフォーメーション）投資を実現する旨を表明した。ＧＸとは、「産業革命以来の化石エネルギー中心の産業構造・社会構造をクリーンエネルギー中心へ転換する」取組みを指す。

二〇二三年二月、内閣総理大臣を議長とするＧＸ実行会議での議論を経て「ＧＸ実現に向けた基本方針――今後十年を見据えたロードマップ」（ＧＸ基本方針）が閣議決定された。当該基本方針に基づき、同年五月に「脱炭素成長型経済構造への円滑な移行の推進に関する法律（以下、ＧＸ推進法）」が成立した。その中では、（１）「脱炭素成長型経済構造移行推進戦略（以下、ＧＸ推進戦略）」の策定・実行、（２）「脱炭素成長型経済構造移行債の発行、（３）「成長志向型カーボンプライシングの導入等が定められている。

1　BLCJでデジタルビルド

(1) CADからBIMへ

BIM (Building Information Modeling) は、コンピュータ上に作成した三次元の形状情報に加え、部屋名称、仕上げ種別、材料、部材の仕様・性能、コスト等の属性情報を併せ持つ建物情報モデルを構築および活用する。そのメリットとして、コンピュータ上で仮想の建物を組み立てることができる。発注者・設計者・施工者等の相互理解が可能になると共に、問題点をあらかじめ解決することができる。企画・設計・施工だけでなく、完成後の運用・維持・管理にも活用できるため建物のライフサイクル（改築・更新）に至るまで幅広い活用が期待される。最初からBIMを活用することは、コンピュータに不慣れな私たちの年代にとっては面倒であろうが、スマホ時代の若者たちにとっては、場合によっては、二次元図面を紙の上に描くより簡単な時代になる。今日、T定規や計算尺を使って建築設計図書をつくることは皆無で、CADなくして設計図が作成されていない。既にアナログ設計からデジタル設計時代に入っており、これにどれ程の属性を附加するかは、二次元での基本計画、三次元での詳細設計、施工段階で必要となる情報である。全て受益者負担で処理すればよいと思われる。

再開発ビルの管理組合にとってはもちろん、区分所有者それぞれがBIMデータを所有し活用することは権利であり、義務であり、設計者・施工者・管理者にとってはBIMを必須条件とすべき時である。

建築が新しくつくられるプロセス（段階）は表1のとおりで、基本設計、実施設計の後、国の指定する建築主事の確認を受ける。建築基準法に適合しておれば、審査証明書が出され、施工会社がその設計図書に基づいて施工図を描き、現場での工事が開始される。中間検査を受け、確認申請と違いがなければ工事が続行され、竣工に至って、最終の竣工検査証を受け、完工となる。竣工式後に施主（発注者）に引き渡され、以降は建築の所有者（管理者）の責任下にあって、建築基準法八条と一二条の管理下に維持管理会社がメンテナンス（保全業務）を行う。一般に建築に支出される費用は、全体の建設費を一〇〇%とすれば、基本設計五%、実施設計一〇%、施工費八五%。その後の建物の維持費は躯体（スケルトン）五〇として、六〇年償却として毎年二・〇%、設備等（インフィル）の五〇%は二〇年償却として、毎年三・〇%、毎年の冷暖房や清掃サービス、管理費は一〇%として、六〇年間の総支出は九〇〇%。ＬＣＣは一〇〇〇%となる。従って、建築は完成までのコスト一〇〇%として、その後六〇〜一〇〇年間と撤去される費用まで加えると一〇〇〇%となり、一〇倍以上のコストが支出される。そのリフォームや金利・税金などを除いての数字であり、実際には建物を所有するには、これだけの費用が必要である。自分の家を持つには、これだけの社会的責任を持つことになる。さらに、この六〇年間に火災や地震、洪水等の大災害があり、この支出や修繕費、各種保険に加入することも必要になろう。

ＢＩＭは建築を二度造る技術と言われ、この技術革新がこの難問解決に役立ちそうである。コンピュータ上で、仮想現実空間として本物の建物と同じ三次元状態にシミュレーションすることによって、本物の建物を所有し、管理し、さらには更新に至るまでの状況を認識することができるまで表現してくれる手法である。コンピュータ上ではあるが、設計者も施工者も建物所有や

表1　BIMコストは受益者負担

段階	企画	基本設計	実施設計	施工	管理	FM	更新（解体）
経過年数	0年	1年	1〜2年	2〜3年	3〜10年	10〜60年	60〜100年
ライブラリープラットフォーム	ジェネリックオブジェクト	設計BIM ジェネリック→メーカー		施工BIM メーカーオブジェクト	オーナーズBIMライブラリー	保険ライブラリー	リフォームBIMライブラリー
LOD	100 CAD	200〜400 2D・3D BIM			500 integrated BIM		
BIM-Wedge	Level 0 Drawing	Level 1〜 Models		Level 2〜 Objects Collaboration	Level 3〜 ISO BIM Lifecycle Management		
BIM費用負担者	設計者 +10			施工者 +10	オーナー・管理者 +10	テナント（BCP・LCP） +10	更新者 +10
BIM費用/LCC	0/0	10/10		20/100	30/200	40/600	50/1000
	Society4.0				Society5.0		

管理やテナント、さらには保険会社の人が実物と同じ建物を認識できれば、自分の管理責任の大きさを認識することが可能になる。建築の持つ全ての性質や機能、形態についてデジタルで表現する優れた手法としてのＢＩＭが世界各国で普及し始めている。災害の多い日本でこそ、高層マンションの区分所有者にとって、ＢＩＭを実装することが喫緊の課題である。

二〇〇〇年以降、ＩＦＣを活用したＢＩＭの実証実験が世界中で増加し、二〇〇八年以降、日本でもＢＩＭを導入する企業が増加し、二〇〇九年が日本のＢＩＭ元年と呼ばれ、普及の動きが実社会に出始めた。二〇一〇年には国交省が官庁営繕事業にＢＩＭを用いた設計を試行するに当たり、公募型プロポーザルを行った。また、ＰＦＩ案件で二例、受注者はＢＩＭによるプロジェクト提案を実施した。ＢＩＭが普及するにはＣＡＤベンダーがライブラリを開発し、メンテナンスする労力が必要になる。できれば中立なＩＦＣでライブラリをライブラリのＣＡＤソフトが使えるようにしたい。

日本はこの面で世界に遅れをとり始めたことから、何とかこの遅れを取り戻したいと考えた。二〇〇七年から開始していた次世代公共建築研究会の第二フェーズで、ＩＦＣ・ＢＩＭ部会が発足。

さらに二〇一五年にＢＬＣ（ＢＩＭライブラリー・コンソーシアム）を建築保全センターを事務局として設立する。事務局長に寺本英治氏、すでに設備系ライブラリを長年開発してきた（財）建設振興基金（理事長・内田俊一）からＳＴＥＭ等の事業を継承する。しかし一社二〇万円の会費で六〇社加入しても年間一二〇〇万円の開発費での実用化は困難である。そのため、二〇一七年春頃から本格的なＢＬＣ事業の検討に乗り出した。第四フェーズの二〇一七年、

表2　関係組織・活動概要

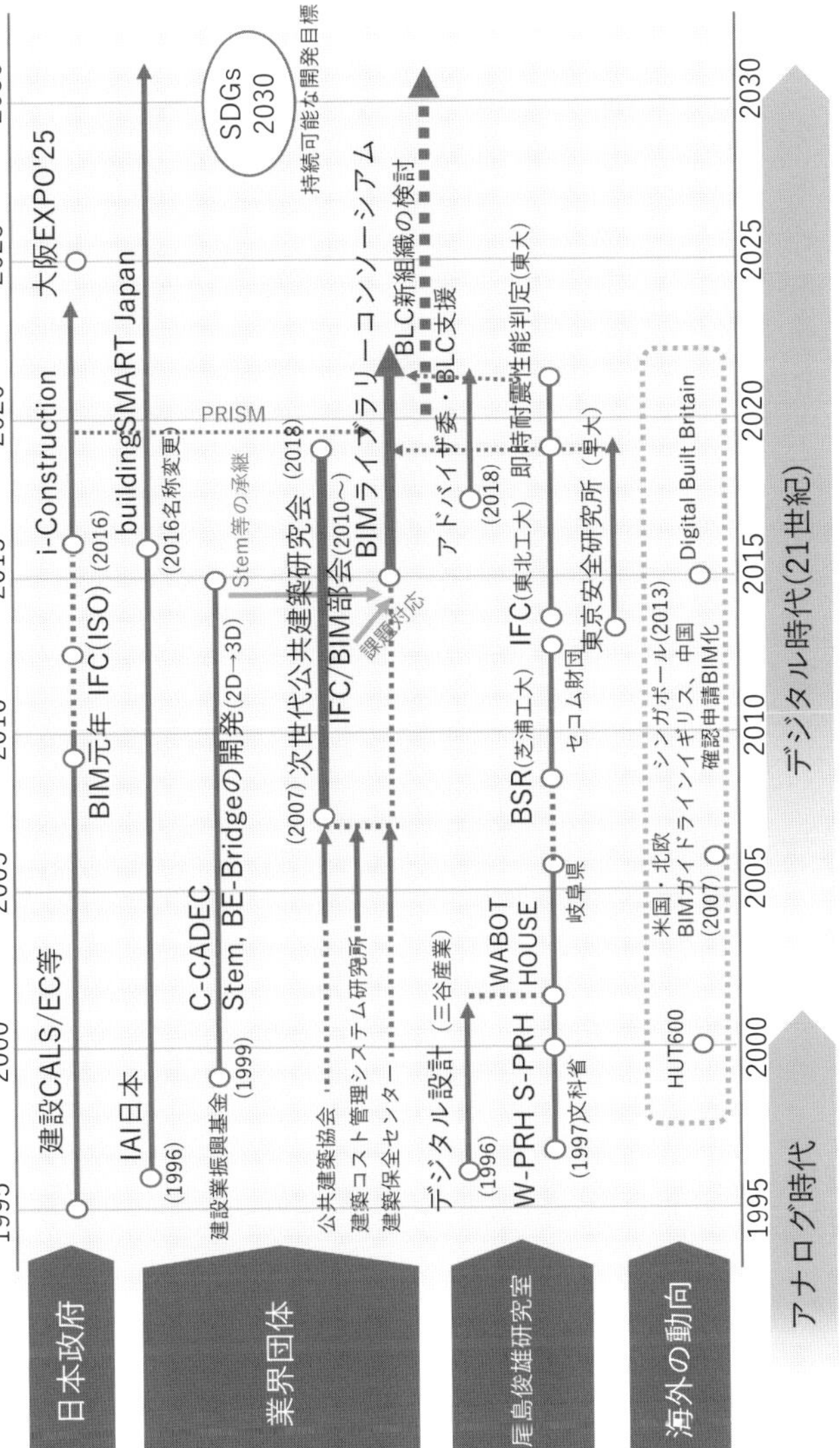
日本政府
業界団体
尾島俊雄研究室
海外の動向
アナログ時代
デジタル時代(21世紀)
建設CALS/EC等
BIM元年　IFC(ISO)
i-Construction (2016)
大阪EXPO'25
IAI日本 (1996)
buildingSMART Japan (2016名称変更)
PRISM
建設業振興基金 (1999)
C-CADEC
Stem, BE-Bridgeの開発(2D→3D)
Stem等の承継
公共建築協会
建築コスト管理システム研究所
建築保全センター
(2007) 次世代公共建築研究会 (2018)
IFC/BIM部会(2010〜)
課題対応
BIMライブラリーコンソーシアム
BLC新組織の検討
アドバイザ委・BLC支援 (2018)
SDGs 2030
持続可能な開発目標
デジタル設計（三谷産業） (1996)
W-PRH S-PRH (1997)文科省
WABOT HOUSE
岐阜県
BSR(芝浦工大)
セコム財団
IFC(東北工大)
東京安全研究所（早大）
即時耐震性能判定(東大)
HUT600
米国・北欧 BIMガイドライン (2007)
シンガポール(2013) イギリス、中国 確認申請BIM化
Digital Built Britain

教科書に相当する「主として建築設計者のためのＢＩＭガイド」を出版。

二〇一八年五月、ＢＬＣの総会で「二〇一五年四月に、正会員三八社、特別会員一九社で設立したＢＬＣは、三年間で正会員七五社、特別会員三四社と一〇〇社を超える状況下、ＢＩＭライブラリの実装目途が立ってきた。

二〇一八年五月、国土交通省でi-Constructionの推進にあたって、官民研究開発投資拡大プログラム（ＰＲＩＳＭ）の予算がついた。これにＢＬＣ会員の会費を加えることで、新組織を運営する目途が立った。

未来投資戦略（二〇一八年）の中で「デジタルガバメント（電子政府）」が実現したので、建築確認の自動化や建設プロジェクトでの二〇から三〇％の効果率改善を追加し、内閣府提唱のSociety 5.0に寄与するＢＩＭライブラリの開発を目指すことになった。

二〇一九年にＰＲＩＳＭ等の国費を随契でとるためには、研究組合を創ることが最善として、ＢＬＣＪ（ＢＩＭライブラリ技術研究組合）を設立することになった。同時に、国交省は全省支援で建築ＢＩＭ推進会議を二〇一九年から初めて、二〇二三年までのＰＲＩＳＭ予算の活用でＢＬＣＪを支援することになった。こうした活動の経過（表４）を伝えるため、二〇一九年三月一日、建築研究所の特別講演として、有楽町朝日ホールで「Society 5.0とデジタルビルド・ジャパン」と題して講演することになった。そのときの内容を以下に略記する。

「平成時代は平和であったが、中国や欧米に比し遅れた。その上、一九九五年の阪神・淡路大震災、二〇一一年の東日本大震災と原発事故で、国土強靭化を急務とした。二〇一〇年の上海万博や二〇一二年のロンドン第三回オリパラは大成功で、躍進したイギリスや中国の状況を見て、日本は二〇一六年の第五期科学技術基本計画で、世界に先駆けた「超スマート社会」実現にSociety 5.0を提言する。（サイバー空間とフィジカル空間（現実社会）が高度に融合した未来社会の姿として、人間に豊かさをもたらす。」Society 5.0社会のリーダーたちは自己実現の欲求を満たすためにＡＩを駆使して、サイバー空間（仮想空間）とフィジカル空間（現実空間）を高度に融合させたシステムから、人間（自分）中心の社会をつくるであろう。

地域振興戦略は、限りなく地球に根差したonly one文化としての自然を求め、これを「クールジャパン」として、日本の海外ブランド戦略とする。同時に、大都市にあっては、限りなくデジタルビルド・ジャパンを追求することによって、グローバルスタンダードを追い続ける必要があろう。

マズローの欲求五段階（図1）とSocietyの五段階を比較するとわかりやすい。狩猟採集時代は人間の生理的欲求がモチベーションの第一であった。近代工業社会は企業の大きさ比べで、これまでは低次の欲求が世界を支配してきたが、これからは人間の高次な欲求が先進国の豊かさの指標になっている。図2は「国交省が建設現場の生産性革命としてＩｏＴを利用して、二〇二五年には二〇％向上させる」その必要性を示す資料で、建設業のみが一九九七年から二〇一六年まで下降を続けている。

図3は、イギリスが二〇一五年にDigital Built Britainを成長戦略として、二〇二五年にはコストを三三％、工期を五〇％、環境負荷を五〇％、輸出を五〇％拡大させるという。

・二〇一六年九月、国交省・建設現場の生産性革命に向け、i-ConstructionでＩＣＴを利用し

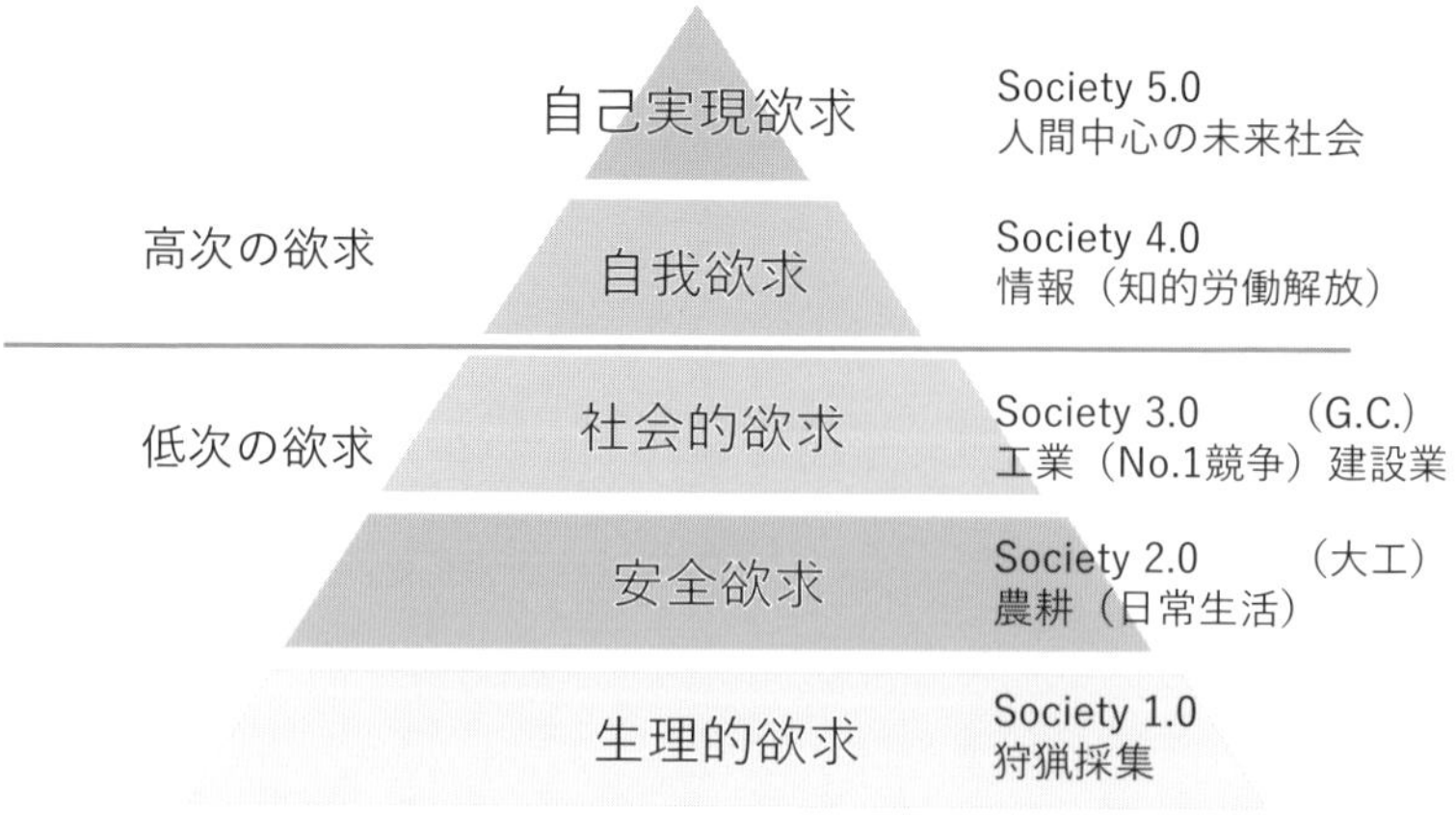

図1　マズローの自己実現理論・欲求5段階説と Society 5.0

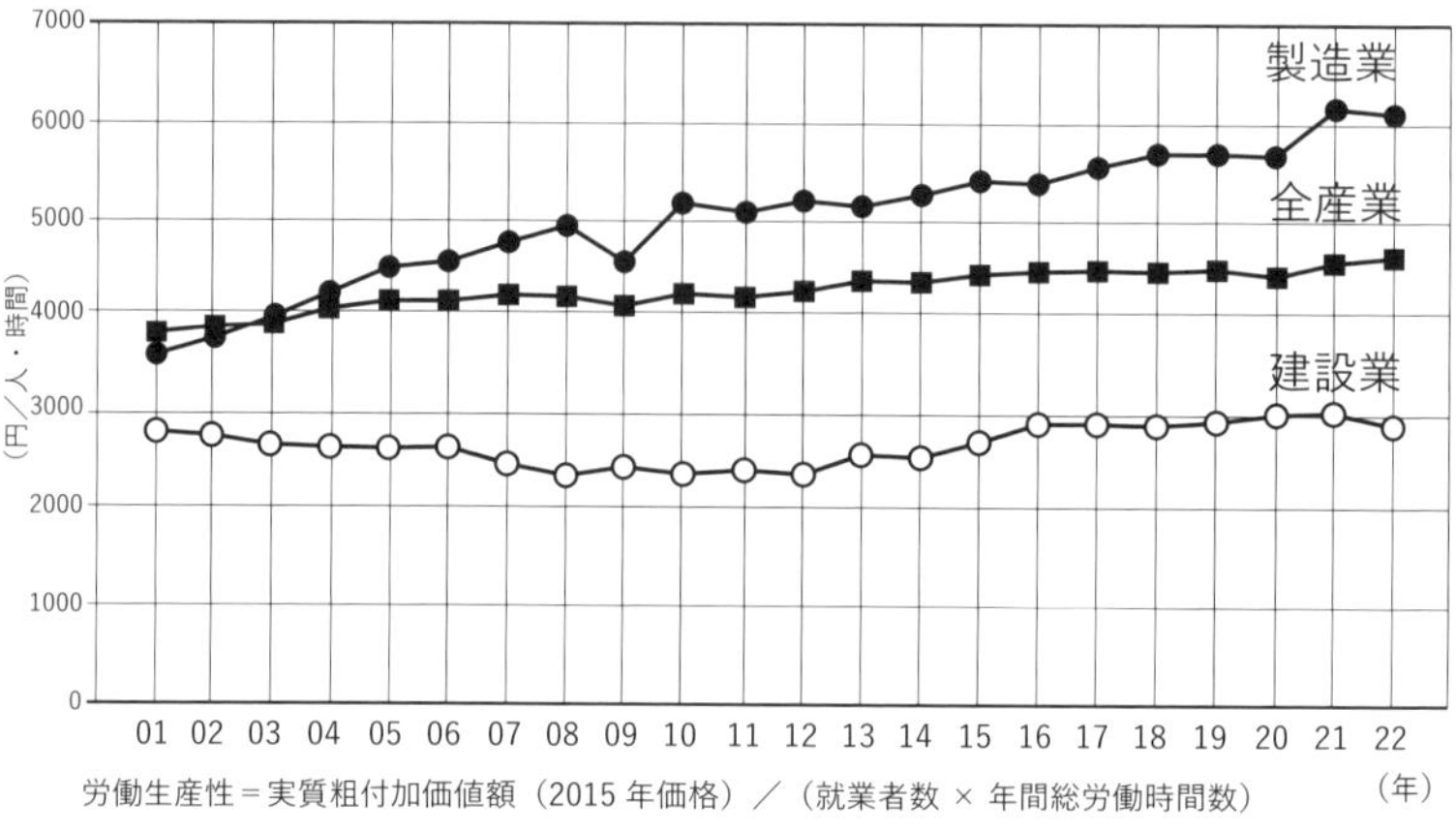

図2　労働生産性の推移
（(一社）日本建設業連合会「建設業ハンドブック2021」をもとに作成）

て、二〇二五年には二割向上。
・二〇一八年六月『未来投資戦略２０１８』Society 5.0「データ駆動型社会」への変革』を閣議決定。
・二〇一八年八月、国交省建研ＰＲＩＳＭ（官民研究開発投資拡大プログラム）でＢＩＭへの研究投資。
・ＢＩＭ-ＨＵＴ600（二〇〇〇年）、英のBIM-Wedge（二〇〇八年）、デジタルビルト・ブリテン（二〇一五年　レベル（Ｌｅｖｅｌ、図４））。
・ＢＩＭライブラリを創る　建築の部位・部品の標準化（形状・属性情報）英国の（ＮＢＳ）のライブラリやＤＢＢを先駆者として、追いつき、追い越す。
・日本のＢＩＭ普及とＢＩＭライブラリの費用は受益者負担。
・ＢＩＭは不動産の価値のみならず、私達自身の生命・財産の保全に寄与する。

二〇〇八年にＢＩＭには進歩の段階があり、これをBIM-Wedgeと称してＣＡＤの利用をレベル0、２Ｄ、３ＤのＣＡＤ図化をレベル1、ライブラリ等を活用したＢＩＭ化をレベル2、二〇一五年にはこの段階美ＢＩＭ活用であったが、レベル３のＢＩＭはこれをIntegrated（累加）してライフサイクルマネジメントにまで活用する段階をｉＢＩＭとしてレベル3とした。

日本と海外のＢＩＭの開発・普及レベルを比較したもので、海外ＢＩＭ、特にイギリスと比較すると一〇年もの遅れが生じている（図５）。日本の遅れの原因は、ライブラリの標準オブジェクトの合意ができなかったことで、具体的には、建築の部位・部品の表現方法の統一とＢＩＭ

オブジェクトの標準化が急務である。英国はＮＢＳ（王立建築家協会）の下部組織がＢＩＭオブジェクト標準を作成し、これで国際的な標準を目指す。

二〇一八年一〇月四日、日本はＢＬＣ臨時総会で、七九企業等によるＢＬＣのＢＩＭオブジェクト標準を合意した。これによってＢＩＭ活用の効率化が進み、i-Constructionで生産性の向上に寄与すると共に、これからのデジタルガバメント・デジタル社会・デジタル革命をもたらすSociety 5.0構築に貢献する。

日本語の表現は漢字・ひらかな・カタカナ・ローマ字が全て日常的に使われ、部位・部品の呼び名も、窓建具・窓枠・サッシュ／床・ユカ・フロア／フローリング・床材・カーペット／便器・トイレ・ＷＣ・厠・手洗い・雪隠等と統一されていないため、コンピュータ上ではスタンダード（標準化）が不可欠であった。幸い、二〇一八年一〇月、ＢＬＣＪとしてライブラリの標準オブジェクトの登録事項が合意されたことによって、その実装に向けて二〇二〇年度から開始されることになった（図6）。

二〇一八年一〇月、デジタルビルド・ジャパンを構築するには、ＢＬＣＪはＰＲＩＳＭ予算や会費でＢＩＭライブラリの標準化を、二〇二〇年までに推進することで限界があることから、別途、ＮＰＯ等でＢＬＣＪを引き継いで、これを補強した新組織をつくる必要が判明する。

二〇二一年度、ＢＬＣＪ（ＢＩＭライブラリ技術研究組合）は、二〇二三年度六月の総会で新組織とする。その際、ＢＩＭオブジェクト標準の知的財産権等、ＢＬＣＪでの成果を継承する。

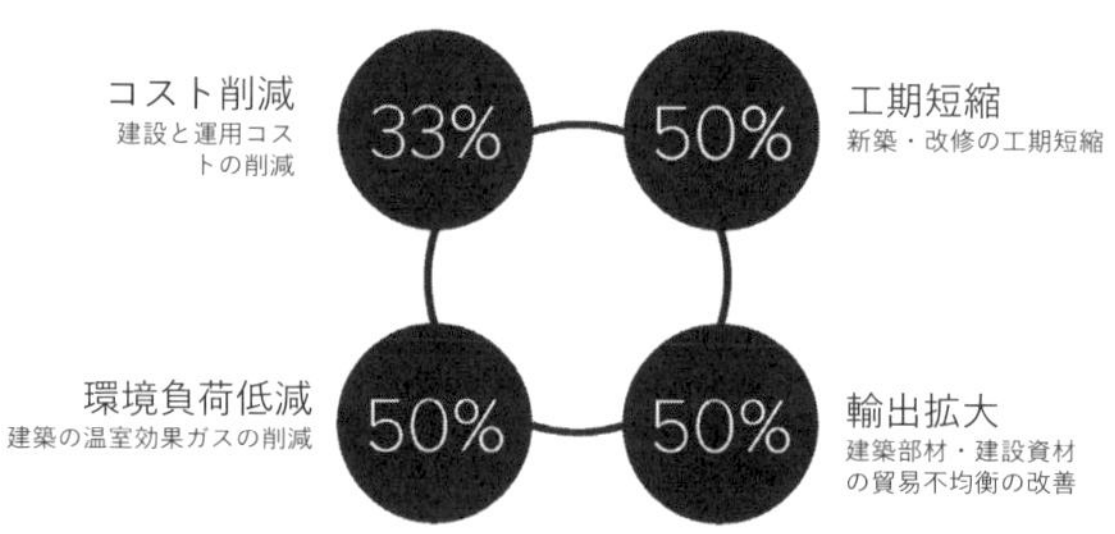

図3 Construction 2025

Digital Built Britain（2015）
イギリス政府（内閣府）の産学官の委員会によってBIM Level 3の導入に向けた成長戦略
1. Construction 2025: Smart Construction及びDigital DesignにおけるUKの競争的優位を確立する
2. Smart Cities: 建設部門が試算を建設維持するために必要な高品質の基礎データを用いて社会に寄与する
3. Digital Economyは、UKを高性能計算／セキュリティ・アルゴリズム／の利用における最前線に位置づける

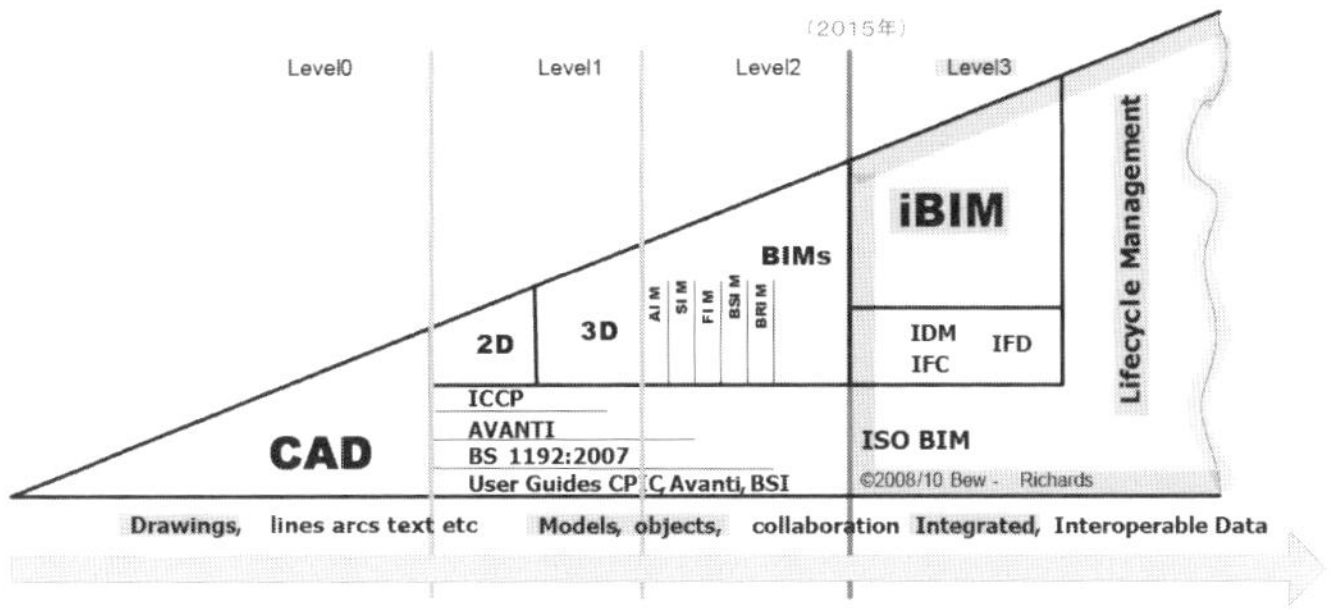

図4 BIM Wedge (by Mark Bew and Mervyn Richards (2008～))

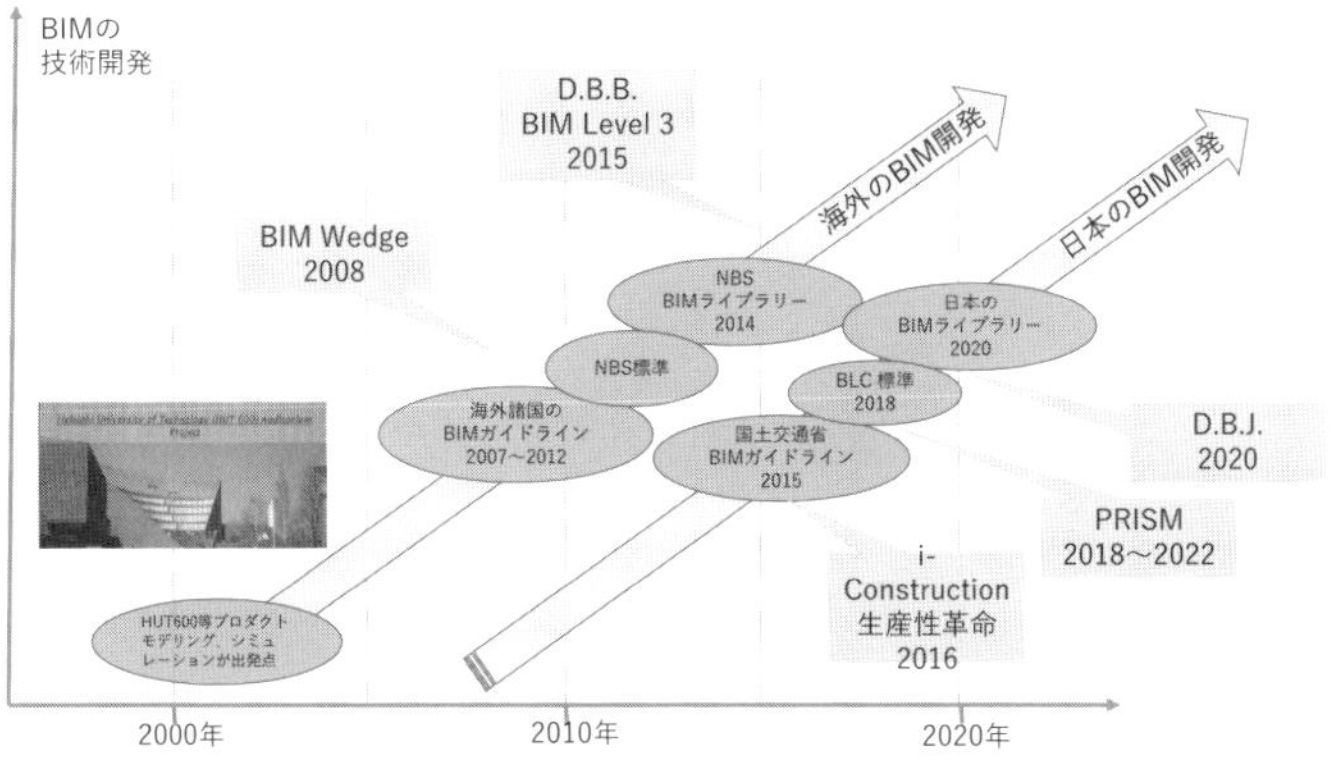

図5 日本と海外のBIM

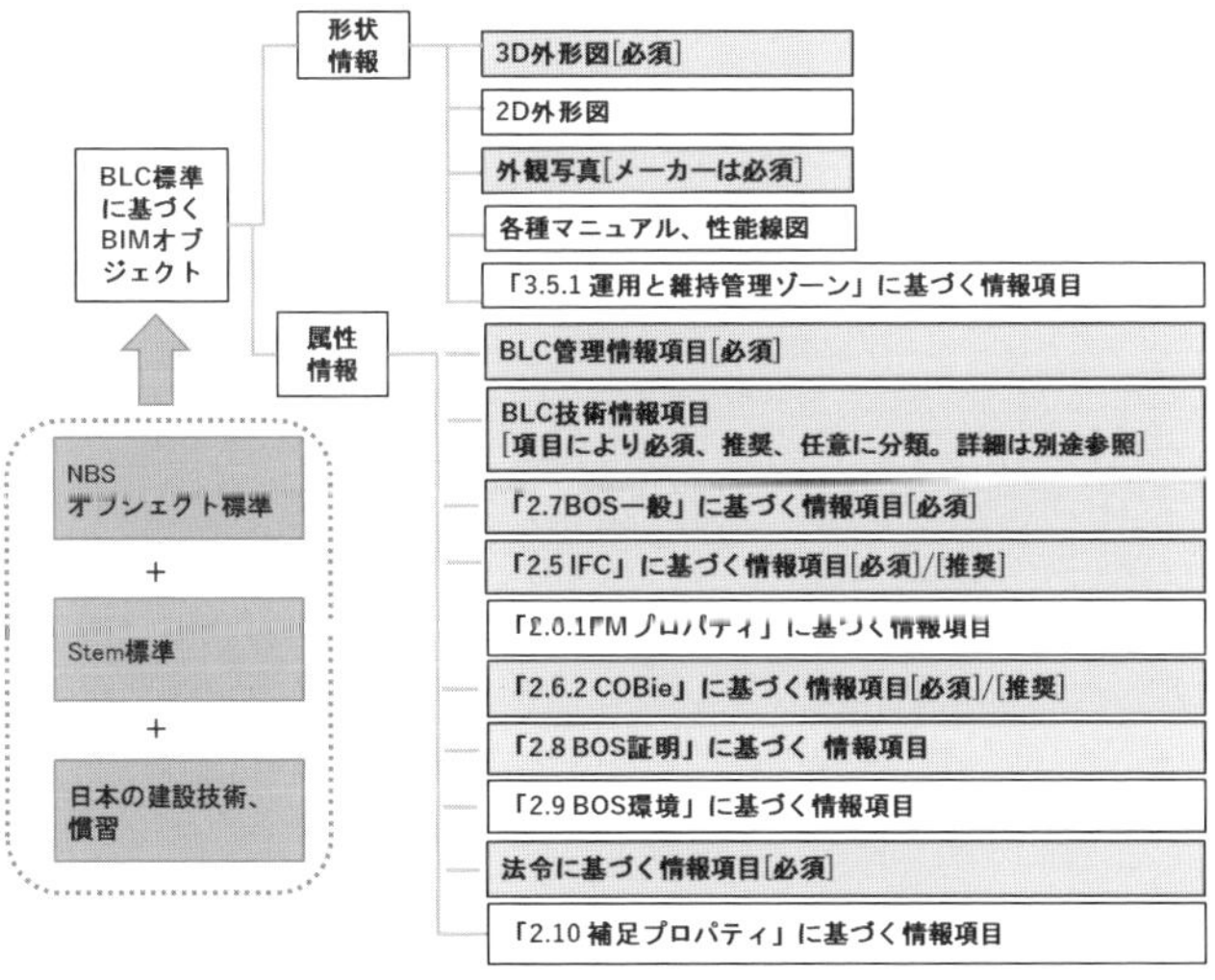

図6 日本の標準オブジェクト

二〇二三年度からビジネスとして公益的な情報基盤であるＢＩＭオブジェクト標準、ジェネリック・オブジェクトを主体とするビジネスモデルをどのようにするかは「在り方部会」で検討する。

（2）ＢＩＭライブラリの実施体制

二〇一八年度に入って、国交省の生産性革命の一環としてi-Constructionの中でＰＲＩＳＭ予算が認められることになった。その結果、コンソーシアムでの会費で不十分なライブラリ作成費は、この国費へシフトする。官庁営繕中心のライブラリから、住宅局や建築研究所、建築センターも加えたライブラリとして確認申請にも使えるライブラリにとの意見が大きくなった。一〇月四日のコンソーシアムの臨時総会で、会長は保全センター理事長になった奥田修一氏、私が顧問に就任する。

国土交通省は、i-Constructionの中で建築分野を拡大し、政府未来投資戦略では「デジタルガバメント（電子政府）」の実現に向け、建築確認の自動化や建設プロジェクトでの二〇〜三〇％の効率改善を追加している。

こうした背景のもと、標準化されたＢＩＭオブジェクトによるＢＩＭライブラリの構築と、それに関連する周辺技術の開発および連携により、次世代に想定される設計・施工から維持管理までのライフサイクルを通した一体的な運用を図り、内閣府提唱のSociety 5.0に寄与することになった。

これらを通して、建築物の長寿命化、高品質化、生産性の向上、エネルギー利用の効率化に寄与し、労働力・技術者不足と情報・英知の蓄積に寄与するとともに、社会における建築・人・モノ等の活動を総合化・関連付けて、人間の感覚に近い技術の革新に寄与するために、ＢＬＣは、

①ＢＬＣはＢＩＭによる設計・施工・維持管理の普及に貢献する。
②ＢＬＣのＢＩＭオブジェクトはデファクトスタンダードを目指す。
③ＢＬＣのＢＩＭオブジェクトは製造物責任法の規定に沿う製品とする。
④ＢＬＣのＢＩＭオブジェクトを用いて設計・施工された建築物は製造物責任法の規定に沿うことを目指す。
⑤ＢＬＣは以上の目的が達成されるために、ＢＩＭライブラリ事業を柱とし、必要な諸事業を行う。

二〇一九年二月四日、政策研究大学院と建築研究所主催のシンポジウムで「次世代公共建築研究会を通じてみたＢＩＭの理想と現実」について講演。

次世代とは、公共とは、について考えた結果、少なくともアナログとデジタルの違いについて、これまでの曖昧な日本語の表現からコンピュータを活用するためには正確な表現手法が必要なこと。建築設計図書の電子化が不可欠になったこと。二〇一〇年から二〇一二年の第二期には東日本大震災があって、ＢＩＭ部会が新設されたこと。避難所になった公共建築のあるべき姿としての安全性が担保されるためのＢＩＭの先駆例としてのＨＵＴ600、そしてＢＩＭ部会から日本版のＢＩＭライブラリの必要性が指摘されて、七九社からなるＢＩＭライブラリ・コンソーシアムが発足する。（一財）建設業振興基金が十余年間かけて設備系ライブラリStem、BE-Bridgeを譲り受け、二〇一三年から二〇一五年の第三期には「設計者のためのＢＩＭガイドラ

イン」の出版と共に、最後の第四期には全部会の教科書的出版に加えて、全ての部会に共通して大切なBIM化を進める新組織の必要性を宣言して、奥田氏に引き継ぐ。

二〇二二年一二月に住宅局補正予算として建築BIM加速化事業が認められ、二〇二五年度にはBIMを用いた建築確認の一部実施が目標として示された。その関連事業として、本組合は「建築BIM加速化事業（調査・評価事業、③建築BIMによる設計環境の構築方法等に関する調書）」の実施主体として採択、交付決定された（業務実施期間二〇二三年三月〜二〇二四年三月）。さらに「建築BIMの将来像と工程表の改定（増補）」が第一四回建築BIM環境整備部会（本年三月一四日開催）で示され、BIMを用いた建築確認の一部実施等に向けたロードマップと各部会の具体的なミッションが示された。本組合は建築BIM推進会議の部会2（BIMモデルの形状と属性の標準化担当）と位置付けられており、これまでの研究成果の実用化と、建築確認に必要な属性情報の標準化を求められており、これを強力に進める必要がある。

以上から、本組合の当初の事業計画を二〇二四年度まで二年間延長し、また試験研究の実施内容を見直すことになった。

実施体制（管理技術者、主任技術者、タスクグループ、事務局）として（図7）、本事業の実施にあたり、BIMライブ技術研究組合内にタスクグループを設置し、調査・検討を進める。タスクグループには、管理技術者一名、主任技術者三名、技術者一〇名程度（Revit系、ArchiCAD系、Gloobe系、Vectorworks系、設備及び建築確認の専門家）とする。また、本事業のための専用の事務局を配置し、集中的な業務実施が可能な体制を整備する。

主任技術者三名は、具体的な取組内容に記載のa・b・cの業務を担当し、管理監理技術者

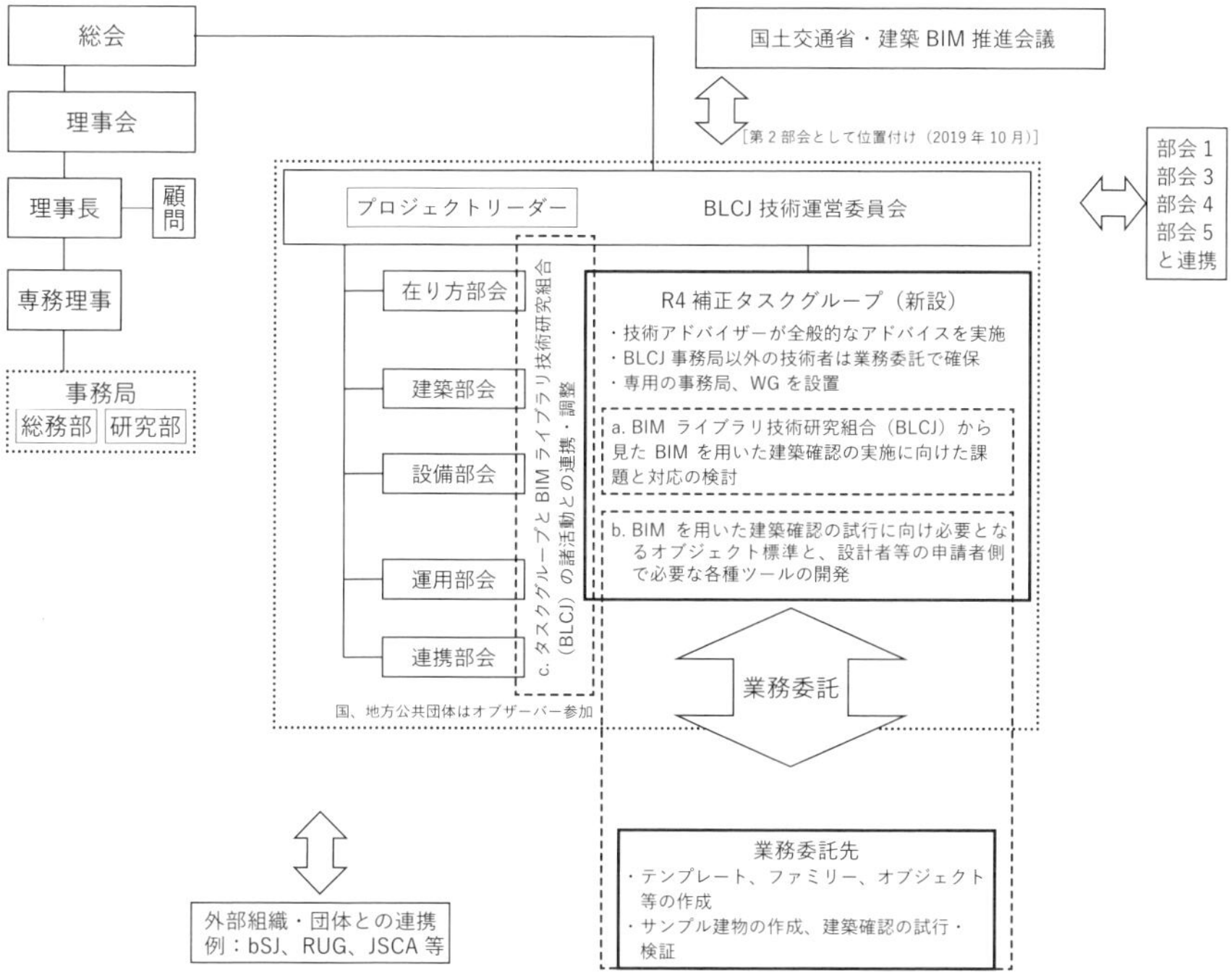

図7 BLCJの実施体制

はそれらを総括する。また、技術アドバイザーはａ・ｂ・ｃのそれぞれの業務についてアドバイスを行う。

二〇二四年二月二六日の幹事会では二月五日の「建築ＢＩＭを通じた建築データの活用のあり方に関する検討会」の次第から、二〇二八年に本格普及を目指す「建築・都市のＤＸに関する官民ロードマップ」を参考に、二〇二五年以降、ＢＬＣＪの社団法人化を支援していくことになった。

2　ＤＸ（デジタルトランスフォーメーション）

日本の建設業は、二一世紀に入って最も生産効率が低い上に、高コスト、３Ｋ産業とされる背景には、アナログ的現場生産にあった。設計者はアナログ的Ｔ定規やスケッチ帳をもって現場監督をするのはアートとして許されていた。しかしＢＩＭ化や工場製品の普及で、コンストラクション（現場生産）からプロダクション（工場生産）に入って、アナログからデジタル化へと変換せざるを得なくなった。現場職人の高齢化や絶対的生産性の向上を目指しての二〇一六年の第五期科学技術基本計画書では、世界に先駆けた「超スマート社会」実現にSociety 5.0提言、世界がデジタル革命時代に入って、日本も生産性向上特別措置法で、二〇一八年六月「未来技術戦略」により、あらゆる施策で集中的投資を行うことになった。

図1に示すように、Society 4.0から5.0に移行する社会にあって、価値観やライフスタイルがアナログ的からデジタル的に変わらざるを得なくなった。それでもＤＸが全てではなく、べ

ンチャー産業やアートの社会にあっては、アナログ的センサーもまた、進歩や革命にとって不可欠と考えられる。日本の司法にも民間からの裁判官が必要になった如く、ダイバーシティ（多様性）を重んじる社会が、ＤＸ時代にあって益々大切になることも忘れてはならない。

建設業界においても、ＤＸに向け、仮（一社）ＢＬＣＪを二〇二五年度から発足することによって、これまでの建築設計・施工・維持管理にあたっての図書類はすべてＣＡＤレベル0からレベル1の形状情報をベースとして、詳細設計や施工段階で必要なレベル2やレベル3の属性情報は（一社）ＢＬＣＪが提供もしくは指導する。ライフサイクル・コンサルタントの制度ができれば、実際には彼らの指導によって実装することで、すべての建築業界や不動産業界等、国内外の保険関係者にとって有効な図書が提供され、建設業は生産性のみならず、建物の安定供給が担保される。また海外の災害再保険会社の活用は、日本の都市の安全性が保証され、政治・経済活動基盤の国際性が高まる。

かくして、ＢＩＭのコスト負担はあくまで受益者負担として、フリーライダーが許されることのない、アナログ社会からデジタル社会への移行ができる。

都市環境学を開くにあたって、ＤＸ時代の流れは確実に必要になる。ＤＸのホップ・ステップ・ジャンプは「Digitization」、まずはアナログ的表現からデジタル化する段階を経て「Digitalization」としてＩＴ技術を使ってモノ・コトをネットにつなげる。ＩｏＴを駆使することによってわかりやすく「Digital TranSFormation」、情報技術を使って人々の生活を現況からあらゆる面でよりよい方向に変化させる。Ｄ（情報技術）Ｘ（変革）にはＡＩ（人工知能）、ＩｏＴ（Internet of Things）、クラウドの知識とこれを指導するＣＯＤ（最高デジタル責任者）

の育成が不可欠である。

建設業界や我々の日常生活にＤＸの必要性が高まったのは、国際化によるグローバリズムに伴っての価値観の多様化やライフスタイル（生活様式）の激変、ＳＤＧｓやＥＳＧ投資、地球環境対策、グリーンボンドやグリーンウォッシュ等々、多様な社会的Needsに対する定量的目標達成のための手法として、ＤＸの評価手法が求められる。（一方、アートの世界では、Non Fungible Token（唯一無二の非代替性暗号資産）やオーセンティシティ（Authenticity 真正性）の如く、世界遺産登録の必須条件である正真正銘の世界がある。）建築や都市の安全と安心の違いやコミュニティの善し悪し、タワーマンションのライフスタイルや二地域居住制度のあり方を導くためにも都市環境学を開くツールとして、ＤＸの進化が求められよう。

3　ＧＸ（カーボンニュートラル）

（1）実現に向けた基本方針

二〇二三年二月一〇日に閣議決定され、「ＧＸ推進法」と「ＧＸ脱炭素電源法」の成立によって「成長志向型カーボンプライシング構想」等の政策が具体化した。官民で一〇年間、一五〇兆円超の投資を引き出すため、国が二〇兆円規模の先行投資の枠組みを設けるという一月の総理大臣施政方針演説による。二〇五〇年のカーボンニュートラルを宣言した日本として、その実現に向けて、

□前提とすべきエネルギーの安定供給

①徹底した省エネの推進
②再エネの主力電源化…地域と共生した再エネ導入の事業化
③原子力の活用…四〇年＋二〇年の延長を認める。自治体への働きかけ
④その他…水素・アンモニア等のサプライチェーン、GXに向けた研究開発

□成長志向型カーボンプライシング構想
①GX経済移行債を活用した先行投資支援…一〇年間で二〇兆円規模
②カーボンプライシング（CP）によるGXインセンティブ…排出量取引制度の本格稼働
③新たな金融手法の活用…GX推進機構がリスク補完策
④国際戦略・公正な移行・中小企業のGX…脱炭素製品の需要喚起

国土交通省関連では、ZEBやZEHの普及促進他、脱炭素に資する都市・地域づくりの推進として、CGS利用による電気・熱のネットワークへの補助・支援が盛り込まれている。世界の主要な機関投資国家や、国連環境計画・金融イニシアティブが推進するPRI（責任投資原則）に署名し、ESG（環境持続可能性ガバナンス）に投資している。日本の東京証券取引所のプライム市場への上場企業は、TCFD（気候関連財務情報開示タスクフォース）開示が義務づけられている。

GXを実現するのは、再生可能エネルギーを確保することに尽きる。

（2）再生可能エネルギー

再生可能エネルギー利用には多くの制約があるも、地球上の潜在的ポテンシャルは図8の如く

無限である。

風力やバイオマス、太陽光発電などの再生可能エネルギーの利用量は、近年急速に増えているが、大規模水力を除けば、アメリカ・スウェーデンはバイオマス、デンマークでは風力が高いものの、OECD諸国でも数%に過ぎない。太陽エネルギー量の大きさに比べれば、地球上の化石燃料はその一年間に相当する程に太陽エネルギーの量は無限である。表43再生可能エネルギーのメリット・デメリットを示す。

発電時にCO_2を排出しない原子力エネルギーの導入は、地球温暖化問題に対応する上で有力なカードとして利用される。日本のエネルギー基本計画にあたっても、原子力発電の存在は大きな役割を持ち、CO_2削減に寄与している。しかし、福島原発事故以降、原子力発電に関する日本国民の信頼が失われ、再稼働すら目標通りになっていないため、まずは再生可能エネルギーの定義からはじめて、身近に利用されている再生可能エネルギーの実態を調べると、再生可能エネルギーとは、英語のRenewable Energyを直訳して、更新が可能という意味で、「使っても、使っても資源が減ることがなく、時間をおけば元通りになるエネルギー源」である。

化石エネルギーの消費によるCO_2排出が地球温暖化の原因であるとして、CO_2を排出しないエネルギー源が重要になってきた。バイオマス発電などは、CO_2を排出するも、短期間の自然循環で元どおりになるため、CO_2排出としてカウントしないが、化石エネルギー利用に比べて発電コストがきわめて高価になり、補助金や固定価格買取制度の措置が必要になる。

二〇一二年七月から電力事業者による風力・太陽光・地熱、一〇〇〇キロワット以下の小規模水力、バイオマスの再生可能エネルギー発電による電力は新エネルギーと称して、その電力を固

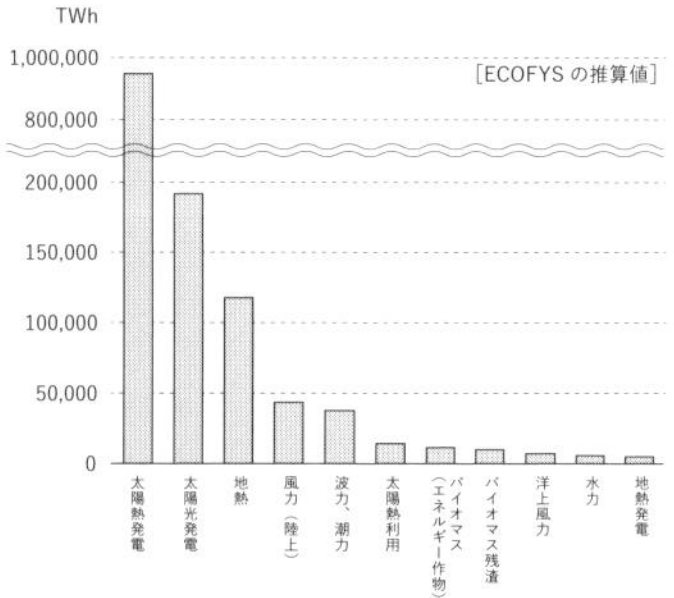

図8 再生可能エネルギーの技術的潜在力

表3 再生可能エネルギー等のメリット、デメリット

	発電コスト	メリット	デメリット
太陽光	15〜1500 US$／MWh	・発電時にCO_2を発生しない ・純国産エネルギーである ・資源制約がない	・エネルギー密度が低い ・夜間や雨天時等には発電ができない ・設備コストが高い
風力	35〜95 US$／MWh	・発電時にCO_2を発生しない ・純国産エネルギーである ・資源制約がない	・エネルギー密度が低い ・発電量が風況に依存し、系統に影響を及ぼす ・設備コストが高い
水力	40〜80 US$／MWh	・発電時にCO_2を発生しない ・純国産エネルギーである ・運転の起動や停止が容易なため、負荷追従性に優れる	・ダム建設地やダム下流の環境を変化させ、生態系に影響を与えるおそれがある ・発電所地域の水量、雨量によって発電量が変動する
バイオマス	NA	・消費量が生産量以下であれば持続的利用が可能で、CO_2の増加につながらない ・液体燃料をはじめとして、炭素源として各種合成原料に転換可能な唯一の再生可能な資源	・生産密度、生産量が小さく収集に多大な労力とコストがかかる ・一般的に水分量が多く熱量が小さく、地域的、季節的変動が大きい
原子力	21〜31 US$／MWh	・発電にCO_2を発生しない ・ウランの供給国は政情の安定した国々に分散し、ウラン燃料価格は化石燃料の価格に比べて安定している ・プルトニウム利用が実現した場合のウランの利用可能年数は2570年と膨大	・ウランは放射性物質であり、頑丈な安全設備と厳しい安全管理が必要 ・放射性廃棄物が発生し、厳重な処理、管理が必要

発電コストは割引率を5%とした場合の各国の既存電源における平均的な値（IEA調査）
Protected Costs of Generating Electricity (2005 Updete). IEAより作成

定価格で買い取る制度（ＦＩＴ）ができた。

日本国土内での自然エネルギーを利用するための人工資本としての太陽光発電や風力発電、地熱発電、バイオマス発電等の施設は、まさしく新国富として間違いなかろう。しかし、その設備投資に見合った施設Ｂ／Ｃが一以上であれば国富となるが、多くの施設でＢ／Ｃが一以下の施設もこれまでに造られ、随所で環境破壊を起こしている。

具体的に示せば、太陽光発電の特徴は、昼間しか発電しないため蓄電池の必要性や日射確保のため影は周辺環境を破壊する上に、近くに送電線があることが大切になる。風力発電の場合、風速の三乗に比例するため、平均風速が毎秒七メートル以上の地域が選ばれ、毎秒四〜二五メートル間で発電される。これ以上になると発電機が損傷する心配がある。また近くに送電線のあることは、太陽光発電と同じである。

（３）温泉資源

大学退職後はよく二泊三日の温泉巡りをしてきた。そのお陰で、外国人が好んでいくという全国の温泉地は全て体験してみた。ランキングはどうあれ、そのときに同行した仲間や、そのときの気分や季節で順番差はないに等しいものだ。ただ間違いなく日本の温泉の浴槽は快適で、宿のおもてなし文化は最高である。その価値は、湯量 × 温度差＝熱量（エネルギー量）ではなく、泉質が大きく影響する。

再生可能エネルギー量で温泉の価値を評価することなく、日本のみならず世界が選ぶ温泉番付とエネルギー量についてリストアップしてみる（表４）。

日本の温泉地は再び熱くなり始めている。熱海は一九八九年に四五〇万人（最盛期五三〇万人）の宿泊者と七二〇軒の宿泊施設が、二〇一一年には二四七万人に減り、二〇一七年には三〇〇万人と少し回復するも、宿は三一三軒と半分以下になったが、二〇一〇年代から変身し始める。

二〇二一年十二月、伊東の尾島山荘を四五年間使用後に売却するにあたって、大室温泉（株）の株式の代金が銀行口座に払い込まれた。熱川温泉からの熱湯を新しい別荘分譲地に配湯するための株主として支払ったが、その後、別荘地が拡大するにつれて随所で加温のためのボイラ室が設定された。大室高原一帯に温泉の配湯ネットワークが拡大した実態を理解したのは二〜三年前のことである。温泉の定義が変わったことで水質が第一となり、水温が第二の序列で、温泉地や温泉宿の配置が変化したこと。また、温泉大将のＢＩＧＬＯＢＥの番付も毎年変わることを発見したのは、二〇一八年に鬼怒川の「あさやホテル」が東の一位で、西の一位が別府の杉の井であったが、二〇二一年に泊まった神戸みなと温泉「蓮」が二〇二一年度の番付では西の一位になっていたからである。何故なら、神戸港の先端一四〇〇メートルの地中からの、それほど高くない源泉温が湧出していると思えたからである。改めて温泉のもつ日本の再生エネルギーの価値について考えてみることになった。しかしインターネットでの調査でも二〇一一年以降の温泉の量に関するデータが公表されていない。従ってあまり信頼できるとは思えないが、表４に示した全国の温泉の湧出量毎秒一八四〇㎥と一万九〇〇〇宿の数値を元に試算した。平均一軒当たりの湧出量毎秒九六リットル（温熱量を電気加温量に換算すると二〇〇キロワット）で、全国で三八二万キロワット相当が日本の温泉がもつ再生可能エネルギー量になる。

二〇一五年に体験・ヒアリングした富山の金太郎温泉（敷地一万坪）の例を示せば、敷地の地

表４ 日本の温泉資源

宿泊施設のある温泉地は全国に 3,084 か所（源泉は 27,700 か所）	
90°C以上の源泉かけ流しは 100 か所程、42°C以上は 13,000 か所 別府、登別、伊東、湯布院、熱海、箱根等が代表格（19,000 宿）、96 リットル / 分・宿（200kW/ 宿）	
○箱根は最も有名な国際観光地	2,000 万人 / 年（500 万人 / 年宿泊）、旅館 10,000 室
○富山の金太郎温泉	1,500 リットル /min×（70°C－40°C）≒3,000kW（5 億円 / 年）
◎全国の温泉宿泊客	1 億 3,200 万人（2015 年）
◎全国の温泉　1,840,000 リットル /min×（70°C－40°C）≒382 万 kW/1,000 万 KW（38%）1 年	
○全国の地熱発電	15 ヶ所　54 万 kW/1,000 万 kW（5%）
○全国の木質バイオマス発電	77 ヶ所　72 万 kW/1,000 万 kW（7%）
○全国のソーラー発電	2,000 万 kW/7,000 万 kW（28%）
○原子力発電	約 1,000 万 kW（2023 年 1 月）54 基中 10 基再稼働

下七〇〇メートルから三本の井戸で七〇℃の良質な温泉が毎分一五〇〇リットルで自噴した結果、年間三五万人の温泉入浴者で一五億円の収入があり、一三五人の従業員が働く場を得た。この熱量を電力換算すると、三〇〇〇キロワットで年間五億円に相当する。ソーラーパネルに換算すれば、三七万五〇〇〇㎡（3000kW×125㎡／kW＝375,000㎡、一一万坪）になり、敷地の一〇倍のソーラーパネル設置スペースが必要になる。平均では二〇〇キロワットの湯量として二五〇〇〇㎡（七五〇〇坪）のコレクター面積が必要で、温泉の熱量の大きさがわかる。

（4）風力発電

世界の風力発電の現状、二〇二二年末の累計導入量は九〇六ギガワット、新規の四九％が中国、一一％が米国、二五％が欧州。洋上風力は累計で六四・三ギガワット（七・一％）で、中国が四〇％以上、洋上新規導入でも中国が一位、英国が二位、台湾が三位、フランスが四位。日本の風力発電の割合は、二〇二〇年〇・八七％、二五五四基（四五八万キロワット）の風力発電機が導入されているが、世界の〇・五％で一六位以下である。

日本政府の目標は、二〇三〇年までに洋上風力発電一〇ＧＷ（一〇〇〇万キロワット）、二〇四〇年には三〇〜四五ギガワットを目指す。二〇二一年に①長崎県五島市沖（浮体）で一・七万キロワット、②秋田県能代市沖で四九・四万キロワット、③秋田県由利本荘市沖で八四・五万キロワット、④千葉県銚子市沖で四〇・三万キロワット、の四拠点で合計一七〇万キロワット。

第二ラウンド公募は、二〇二三年一二月一三日に国が指定したのは、秋田県はＪＥＲＡの企業

＊ 日本の一九四八年制定の温泉法では「温泉」とは地中から湧出する温水、鉱水および水蒸気、その他ガスで、温泉源における水温が二五℃以上、一九種の物質（溶存物質総量一〇〇〇ミリグラム以上、遊離炭酸二五〇ミリグラム以上他）のうち、いずれかを有するものをいう。一方、環境省が定める「鉱泉分析法指針」では温泉も含めて鉱泉とし、泉温度により二五℃未満は冷鉱泉、二五℃から三四℃は低温泉、三四℃〜四二℃を温泉、四二℃以上を高温泉と分類する。

＊＊ 地中熱と温泉と地熱の違いとして、地中熱は地表から一〇〜三〇メートルの年間一定温の地中層にヒートポンプ等により季節感の冷暖房熱を蓄熱するに活用される。温泉として利用されるのは、地下一〇〇〜一〇〇〇メートルの温泉貯留層から湧出する温水を利用する。地熱は地下一〇〇〇〜三〇〇〇メートルの地熱貯留層から高温の熱水や蒸気を汲み上げる井戸と還元する井戸によって、主として発電に利用される。ただし、最近大都市で活用される温泉は、地下五〇〇メートル〜二〇〇〇メートルの地下の高温貯留層から温泉法に適する泉質の利用が盛んになっている。例えば、ふるさと一億円基金を活用して全国の農山村で掘削された温泉であり、東京や大阪等の大都市中心部で開業した都心の温泉付きホテルである。

連合で、⑤秋田県能代市沖三六万キロワット、⑥秋田市沖三四万キロワット、新潟県は三井物産のＪＶで⑦新潟県村上市沖三五・七万キロワット、長崎県は住友商事のＪＶで⑧長崎県西海市沖四二万キロワットで、約一五〇万キロワットで、それぞれ二〇二九年度中に運転開始を目指す。ＣＯＰ28で明記された二〇三〇年までに現状の再エネを三倍に拡大する方向性から、さらなる風力発電の普及が求められる。

（5）海外からのグリーン水素サプライチェーン

再生可能エネルギーとして、二〇三〇年のカーボンハーフ、二〇五〇年のカーボンニュートラル達成に最も寄与するのは海外からのグリーン水素やアンモニアのサプライチェーン（供給網）を構築することである。それを可能にする海外の国として、北米・アメリカや南米・チリ、オセアニアのオーストラリア・ニュージーランド、中近東のＵＡＥやオマーン、サウジアラビア、シンガポールやインドネシアも対象国となる。

問題は、日本への輸送で①H_2であれば液化水素船として二〇三〇年までに可能とされる一万トンクラスの川崎重工のＮＥＤＯ実証船の利用であり、②H_2とN_2からグリーンアンモニアNH_3にしての肥料用輸送船の活用が考えられる。③アメリカのテキサスとルイジアナ州でのキャメロン計画では（H_2＋CO_2）の合成でＭＣＨ（CH_4、e-free）としてＬＮＧ船利用について、二〇二三年五月、エネルギー安全保障を含むグリーン経済分野で投資の枠組みも立ち上がった。

二〇二三年三月、（一社）ＤＨＣ協会の主催で、オセアニアと中近東を調査した結果を以下に

＊＊＊ 一般に日本では五〇キロメートル地下の温度は一〇〇〇℃とされ、一キロメートル地中では二〇℃、二キロメートル地中では四〇℃の高温となり、二〇〇〇メートル以上掘ればどこでも温泉熱源としても有効となる。神戸みなと温泉「蓮」や大手町の星野リゾート温泉ホテル等の成功例がある。地球平均では上部マントル層の四一〇キロメートル地下で一五〇〇℃、六六〇キロメートル地下で一九〇〇℃とされており、この場合一〇〇〇メートル以下での三・六℃、二〇〇〇メートル以下で五・六℃高いので、地熱の温泉利用は不可能である。

略記する。調査団の視察目標として、

①日本のグリーン水素成長戦略と国際協力で、二〇三〇年にはグリーン水素三〇〇万トン／年、グリーンアンモニア三〇〇〇万トン／年を可能とする海外の国の実情を調査する。

②DHC協会の委員会では二〇三〇年の大阪夢洲地区のIR施設のため三万トン／年、大阪府市の夢洲スーパーシティ計画のため、一〇〇万トン／年のグリーン水素を供給可能な国や施設の調査。

③横浜や大阪のカーボンニュートラル港（CNP）で求められているグリーン水素の質・量を可能にする国や施設の調査。

二〇二三年調査時の結論として、

①アメリカのキャメロン計画は三菱商事と東京・大阪・東邦ガスの四社で米国テキサス州・ルイジアナ州のe-メタン製造・キャメロンLNG基地より。二〇三〇年に一三万トンCH_4／年（一億八〇〇〇万㎥／年）供給可能としている。その利用にあたっては、東京ガスの八〇〇〇万㎥CH_4／年、大阪ガスの六〇〇〇万㎥／年、東邦ガスの四〇〇〇万㎥／年を予定。ガス三社のLNG供給ネットの一%相当を、このCH_4で賄うも、これがCO_2とH_2の合成によるブルー水素であることから、カーボンフリーと認めるには国際的認証が求められている。丸の内熱供給でのLNG利用にあたって、シェルグループによるCO_2クレジット相殺との比較等、国際的にも国内的にも透明性のあるカーボンフリーのLNGであることが課題である。

表5 温泉量のランク

1位	草津温泉（10万kW）	223,313ℓ／分
2位	別府温泉（3万kW）	15,246ℓ／分
3位	奥飛騨温泉	13,090ℓ／分
4位	標茶温泉	11,430ℓ／分
5位	箱根温泉郷（2万kW）	9,781ℓ／分
6位	那須温泉	9,733ℓ／分
7位	（秋田）玉川温泉	9,190ℓ／分
8位	沼尻・中の沢温泉	9,000ℓ／分
9位	湯布院	8,801ℓ／分
10位	石和・春日居	8,000ℓ／分
（番外）	金太郎温泉（0.3万kW）	1,500ℓ／分

②オーストラリアのビクトリア州では、褐炭資源を活用したCCUSでH_2を製造・液化して日本へ輸送する。川崎重工のNEDO実証研究の成果を二〇二三年に現地視察した。その後、GI基金で二〇二五年から商用化実証（液化：一〇〇トン／日≒二・八万トン／年）に向けて取り組んでいる。

③オーストラリアのクイーンズランド州では、東京に州政府代表のオフィスを開設。現地視察を支援し、市場・情報・ビジネスモデルの構築を行う。二〇二三年三月の現地州政府担当者との討論やグラッドストーンの現場視察から、日本と豪州、特にQ．L．は親日的で、one stop サービス可能なこと。

二〇三二年のブリスベーンオリンピック開催まで再生可能電力のスーパーグリッドを完成させ、日本へのグリーン水素・アンモニアの輸送を可能にするプロジェクトの投資状況視察から、可能性は大である。今後の投資次第でグラッドストーン港を中心に、二〇三五年に向けての計画が四つの港を中心に、グリーン水素三九二万トン／年と再生可能電力九〇〇〇万キロワットのスーパーグリッドが完成するため、この半分を日本に輸出するだけで日本の要求が満たされる。

④オーストラリアでは、この二州以外にも西豪州等に有力な日本へのサプライチェーン可能な供給源が期待される。

□二〇二三年一一月、中近東への視察団報告として、UAE（アブダビ・ドバイ）での可能性として、最も有望なのはUAEのルワイス工業団地からENEOS、三井物産等のGI基金利用によるブルー水素をMCHに変換輸送する。五～二〇万トン／年　NEDO実証計画と二〇二五年のCCUSブルーアンモニア一〇〇万トン／年である。しかし、

⑤ドバイのMBRソーラーパークでJ-Power他の支援で、二〇三〇年まで五〇〇万キロワットから四万トン／年のH_2、二〇万トン／年のアンモニア、マスダールシティからは二〇三〇年までのグリーン水素三〇万トン／年の利用について調査した結果、UAEは自国のカーボンニュートラル達成が精一杯で、とても日本への輸出は考えられないとの岡本利之調査団長の報告である。一二月下旬の調査団員全員の報告を見る限り、サウジアラビアやオマーンなどからのサプライチェーンはやはり価値ありとあった。この第一次、第二次調査団の報告から、オーストラリアを第一に、サウジアラビアやオマーン等に絞った上で、その活用方法には欧米を参考にすることになった。

○液化水素運搬船（LH_2船）

二〇二二年四月、川崎重工は一六万㎥型の基本設計承認。マイナス二五三℃で水素を運ぶ川崎重工「すいそふろんてぃあ」NEDOの助成、気体の八〇〇分の一の体積。LNG―マイナス一六二℃、マイナス二〇〇℃を境に空気が液化。「真空断熱」に活路。

○液化CO_2輸送船（LCO_2船）

二〇五〇年までにCO_2排出量を実質ゼロにする場合、二〇二二年で年間六〇億トン排出している現状から、二〇三〇年までに年間一億トンで一〇億トン、二〇四〇年までに二億トン／年として三〇億トン、二〇五〇年までに年間三億トンで六〇億トンをCGSとして運搬・貯留する必要がある。日本では二〇三〇年までに六〇〇～一二〇〇万トン、二〇五〇年時点で年間

一・二〜二・四億トンの運搬・貯留の目標を掲げている。CO_2回収量に対する船舶輸送の割合が、二〇五〇年で最大三〇%になるとして、タンク容量が二万m³以上の大型輸送船が、世界中で二〇〇〇隻以上必要になる。この状況下にあって、二〇二三年一二月、今治造船は三菱造船、三井物産、三菱商事と連携してCO_2輸送船の標準化をして、二〇二八年頃には船の竣工を目指す。

○アンモニア燃料の船

アンモニアは脱炭素燃料として需要が高まっている。日本郵船によると、国内需要は三〇年から五〇年にかけて一〇倍に膨らむ。アンモニアを運ぶ船が国内で建造されることが決まった。二〇二六年に完成予定で、実証公開後、世界発の船として国際海運で使われる見通しだ。海運大手の日本郵船など計四社が発表した。この船は重油とアンモニアを混焼することで、重油のみの燃料と比べてCO_2などの温室効果ガスの排出量を八割以上減らせる。

4 地域冷暖房と社会変動

(1) 熱供給事業の変遷

日本の地域冷暖房の歴史と、(一社)都市環境エネルギー協会(DHC協会)については、都市環境エネルギー協会が出版した『50年のあゆみ』(二〇二二年)に詳述した。

日本の地域冷暖房の普及状況については図9に示すように、第一の大波は石油ショックによるソフトエネルギーパス時代であり、第二の波は一九九〇年代、原子力発電を主とするCO_2節減にあたっての全電化時代であった。この時代を超えて、第三の波は、今日の電力とガスの自由

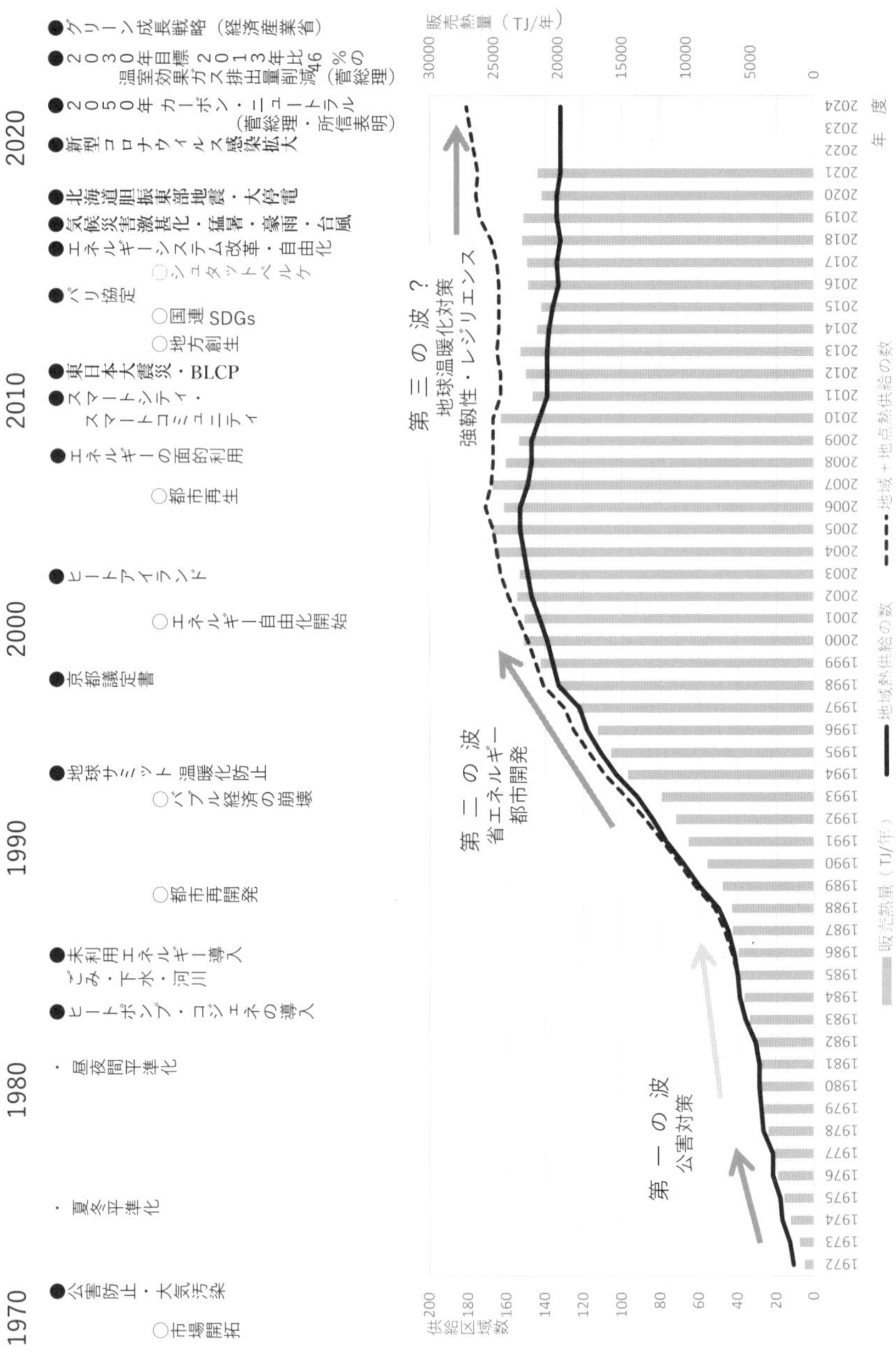

図9 社会背景の変遷と日本の地域冷暖房。熱供給事業法に基づく地域熱供給の供給地区数（グラフ実線）および同法に基づかない熱供給（一定規模に満たないものや組合方式などによるもので、「地点熱供給」と呼ばれる）も加えた供給地区数（グラフ破線）を示す。地点熱供給も合わせると、近年供給地区数は、増加傾向にある。（（一社）日本熱供給事業協会「熱供給事業便覧」平成11年版・令和2年版より佐土原聡作成）

化時代である。しかしこの波も必ず克服できる。大都市圏に限らず、熱配管のネットワークは、国土強靭化やエネルギー供給の強靭化法が支援策になって、熱配管ネットワークという電力・ガスに続く新都市エネルギーインフラとして発展してきた。冷温水の熱エネルギーそのものはゼロエミッションとしても、熱源として利用されるのが再生可能エネルギーであるか問われている。

一九七二 年当時の総理大臣は田中角栄で、電力やガス供給は公益事業で、二つの公益物件は道路の下に埋設できるが、地域冷房の熱供給管は道路下埋設ができない。道路下に敷設できるのが六公共公益物件ということで、電気・ガス・上水道・下水道・工業用水、電話と定められており、熱供給の冷・温水配管 は入れられない。ただ、熱供給も公益事業になればということで、熱供給事業法という法律を通産省がインスタント・ローでつくり、電気・ガスに次ぐ第三の公益事業として熱供給事業を認めてくれた。

晴れて公益事業となったたが、道路下の埋設にあたり、建設省は、都市計画決定したところに限って道路下配管を認めてくれた。地域熱 供給は冷水と温水と蒸気。電気はキロワット時(kWh)で、ガスは㎥で買うが、熱はキロカロリー (kcal) という全く違う商売品である。そんなことで熱供給事業法ができ、熱を売買する第三の都市エネルギー公益事業の法律ができた。

法律ができると、熱供給事業に関する事業者を保護する経産省系と、ディベロッパーをやる国交省系の事業の二つの業界が生まれ、いまだに五〇年続いており、筆者は国交省系の日本地域冷暖協会（現在の都市環境エネルギー協会）の理事長を続けている。

アメリカのニューヨークのマンハッタン地区では、一九三〇年代からコン・エジソン・カンパニーが電気と蒸気とガスを一緒に供給している。日本では当時、地域冷暖房などは全く考えられない時代であった。それが今日のような冷暖房不可欠という時代になって、熱エネルギー供給は、一九五〇年頃から右肩上がりの一本調子で五〇年間、発展の道を駆け上がってきた。

これから、都市は拡大から縮減の時代に入ってくる。となると、都市人口がいかにエネルギーを使わないで、エミッション（CO_2）を減らしていくか、一九七〇年代、日本は大量にに化石エネルギーを使っていたが、産業部門はこの二〇年間でむしろ減っている。三〇年間では産業関係は省エネルギーで〇・八倍になっているが、運輸部門、業務部門、家庭部門が増え続けている。運搬業や冷暖房、コンピュータを含めた業務部門のエネルギーが増えているためである。

その意味で、東京は最悪のエネルギーの使い方をしている。電気もガスも一番効率よく使っているが、合わせたときの熱効率が悪いためである。全ての動力や照明は最後は熱になる風呂の熱、暖房や冷房の熱などの熱エネルギーは、実はその排熱でよい。熱力学の法則で熱はエネルギーの廃棄物と考えられている。つまり、上水系には下水系があり、下水系をうまく再利用することが大事で、それが日本の都市では全くできていない。

一九九〇年代までにパリに追いつき、ニューヨークを追い越すような都市エネルギーの使い方を東京で実現したいと考えてきたが、最大の競争相手は原子力発電だった。日本は原発に五〇%以上を背負わせ、大都市に電気を送った。自治体、特に東京都などの全電化はエミッションがいちばん少ない。都市のヒートアイランド問題にしても、電気であれば利用場所ではCO_2もNO_xもSO_xも出ない。東京都の公害防止条例で石炭や石油で暖房していた時代に、煙突を集合させた地域冷暖房を普及することが、東京都の環境局の戦略だった。

熱供給事業法と併せて、東京都は公害防止条例で地域冷暖房の供給義務と加入義務を課した。

三万平方メートル以上の建物を建てた場合、必ず地域冷暖房のプラントをつくり、周りの建物に熱を供給し、周辺二〇〇〇平方メートル以上の建物は必ずその熱を買いなさいということを明記した。東京都は一九七〇年代にこのような公害防止条例を策定した。

ところが、八〇年代から九〇年代に、原子力発電による全電化を推進するようになった。全電化方式は再開発にも便利で、全電化であれば容易にパッケージで空気熱源のヒートポンプで冷暖房できる。ヒートアイランド対策にしても都市でのエミッションが一番少ないのは電気で、その意味では、熱供給事業協会も地域冷暖房協会も完敗だった。

やがて、二〇一一年三月の福島原発事故が起き、原子力に代替する再生可能エネルギーと自立分散型コジェネ（コージェネレーションシステム、熱電併給）の普及が要望されることになった。コジェネは地域分散電源として、ガスの中圧管は大地震でも安全と考えられ、そこで電気を起こして、排熱は周りに供給できる。蒸気で一〇キロメートル、温水・冷水だと一キロメートル程の間隔にコジェネプラントを置く。東日本大震災時に森ビルのコジェネプラントがたまたま稼働して好事例となった。

都市の電力供給先は、コンピューターやエレベーターの他、いまは上水も下水系もすべてポンプアップしているため、それを何日も維持するのは大変なことで、バックアップが必要となる。国土強靱化構想の中で、全電源喪失しないための自立分散型電源の大切さを何回も閣議決定してきたが、現実はいまだに十分にできていない。

二〇一七年頃から丸の内や日本橋で安全確保計画の支援を受けて実現したのは、国際戦略拠点とか、都市再生緊急整備地区といった限られたところであった。排熱のパイプラインに国の助成が付き、オンサイトでもそれを援護する体制が安確地計画の国費補助で可能になった。

コジェネで電気を起こすと、四〇%ぐらいの効率で、熱が五〇%も出る。熱は吸収式冷凍機を使って冷暖房に使うと、トータルで九〇%以上の効率となる。しかるに、いまは五〇%の熱が冷却塔などで捨てられており、それがヒートアイランドの原因にもなっている。解決策としては、排熱の買取り制度のようなものができればいい。一九九〇年代に日本は原子力活用による全電化にシフトした。原発で五二%の電力をつくり原発によって京都議定書をクリアし、さらに二〇五〇年にはわが国は原発で地球温暖化に寄与するという宣言をした。ところが、その原発が活用できなくなったので、COP21のパリ協定に日本は乗り遅れた。

ガスは高圧か中圧かでもって、東京湾に何かあっても外側からガス供給ができるようになっている。しかも、この中圧管は災害時にも強く、震度七クラスの大地震でもガス管は曲がっても生きている。そこで、この中圧のガス管を地域のコージェネレーションシステム（CGS）に接続すれば、そのCGSは停電時も動くし、その排熱をネットワークに供給できればコジェネの普及になる。

共同溝は放射線状に伸びているが、この共同溝を見ると結構隙間がある。そこで、この共同溝の隙間空間に蒸気や冷温水配管を入れてもらい、環状八号線と七号線に沿って熱導管をつくってもらうと、ゴミ焼却排熱ネットワークがすぐにできる。東京都がいま七〇万キロワットのコジェネを入れるという確約をしているので、それに期待している。

既に完全に熱供給ができている地域もあるので、その周り五〇〇メートルずつ広めていきながらCGSを入れると、このネットワークは七〇万キロワットから八〇万キロワットとなる。

二〇三〇年対策としてこれぐらいやっていくことが必要不可欠である。

電力、排熱、情報、水系のインフラが地域ごとに拠点を設け、しかも安全な場所に設置し閣議決定している国土強靭化の問題だが、その事業主体になろうとするところがないところに問題がある。昔は必ず主務官庁があり属議員がいて、だいたいこれは経産省がやる、これは国交省がやるとなっていたのに、そういう支援者が見えない。内閣府は地域振興として地方自治体の首長にやれというが、地方自治体にはそんなに人がいない。インフラの仕事は必要だが事業主体にならない。これがベンチャーでやれるようになると、ファンドマネーとかでやれたりしていいのではないか。しかしインフラはベンチャーには不向きで、やはり国の支援が必要である。

地方分権の強いドイツでのまちづくりは、地方自治体が中心にSW（Stadt Werke：都市のインフラ）がつくられ、新しいまちづくりが進められた。時として自治体以外の企業や公益事業会社がSWをつくることもある（一期）。

交通や上下水、電力等の都市インフラが完備するにつれて、居住施設や仕事場（スープラストラクチャー）が増加する。しかしインフラの容量を超えると、交通渋滞やブラックアウト（停電）が起こる半面で、SWの収支は改善される（二期）。

日本の地方都市は図10の三期に相当し、スープラが減少し都心空洞化が起こり、コンパクトシティやスマートシティが必要になった。大都市では、特に低炭素化や国土強靭化問題からBCD（業務継続地区）の必要性が高まっている。その対策として、地方都市では本当に必要とされているSWの再検討を、大都市にあってはBCDの質・量を見極める必要がある。

二〇五〇年目標のゼロエミッションには程遠い計画である。主エネルギー源の天然ガスそのも

図10 都市のインフラとスープラの相関

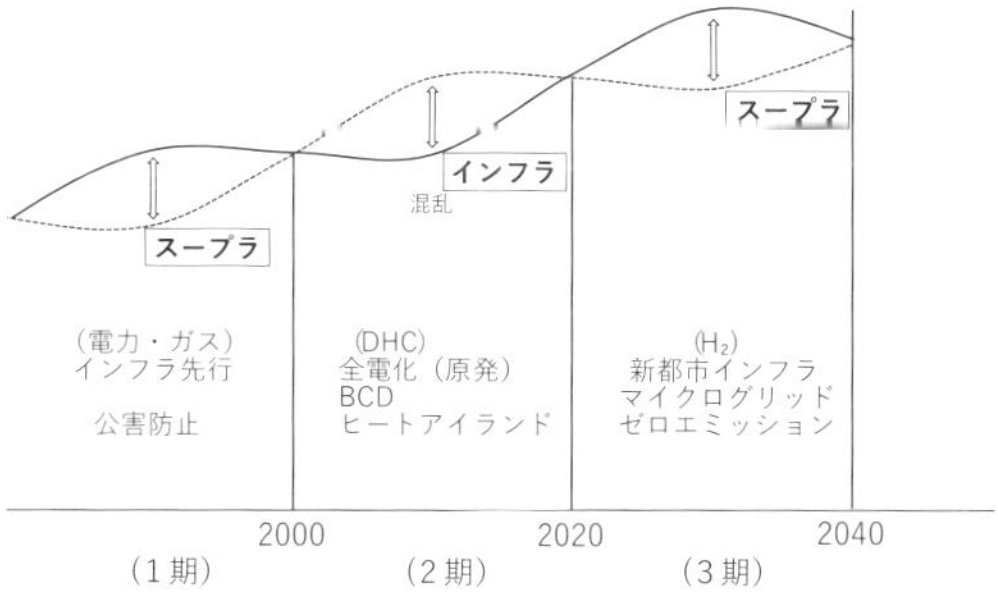

のの脱炭素化として水素が求められるためだ。五十余年前の大阪万博会場で実現した地域冷(暖)房が、第二回目の大阪・関西万博会場では第四の新都市エネルギーインフラとして水素の活用に挑戦した。しかし、コロナ・パンデミックとＩＲの遅延、バーチャル万博のスローガン等もあって、会場でのリアル水素活用はゼロになった。

（2）都市環境エネルギー協会の役割と展望

一九七二年に任意法人として設立した日本地域冷暖房協会（現都市環境エネルギー協会、ＤＨＣ協会）を、バブル経済終末期の一九九三年、国交省都市局の認可財団とすべく、会員から集めた基金が四億五〇〇〇万円ほど。この基金により国交省から社団法人の認可を得て、国が所管する協会運営となる。二〇一三年、一般社団法人化のときに残っていた三・六億円の協会資金は、三〇年余の間に公益目的支出に使い切ることになり、年間一〇〇〇万円余の公益目的支出を義務づけられる。二〇一八年には、六年間で残金が二・九億円、家賃節約のため購入していた不動産価格の高騰（一・六億円）もあり、公益目的支出が計画の六〇〇〇万円を超過して、キャッシュフローとしての残金は一億円となるに及んで、協会の将来性が危ぶまれることになった。

このような状況下、幸か不幸か、社会はＳＤＧｓやＢＣＤ等の目標達成のため、当協会の役割はますます重要になってきた。

二〇一八年正月の賀詞交歓会で筆者はこの状況を説明した上で、初心に戻って物心両面での会員支援を要請すると、相応の賛同があった。早速、特別委員会を組織して、幹事会社一〇〇万円、委員会社五〇万円として、東京三か所、名古屋一か所、大阪二か所、地方一か所、合計七か所を五月の理事会で認可する。この勢いで二〇二〇年一月一四日、東京都のＤＨＣ協会の意見交換会に出席。都庁の一六階で、環境局と都市整備局に二〇一九年末に発表された小池都知事の「二〇五〇年ゼロエミッション東京戦略」を見ると、化石エネルギーであるＬＮＧ（天然ガス）のパイプラインが消えていて、代わりに熱配管になっていることについて質問する。二〇三〇年に中圧ガス管利用のＣＧＳを七〇万キロワット設置することで、ＢＣＤ対策を強行する一方、二〇五〇年にはそのガス管を全廃することの問題点を指摘した。

二〇二〇年一〇月の第二七回ＤＨＣ協会の定例シンポではこの問題をテーマとするにあたって、お互いに勉強することになった。同年二月三日に帝国ホテル大阪で、一般社団法人日本熱供給事業協会の五〇周年式典が開かれ、五〇〇余人もの参加者を得て開催された。また、同月一二日には、千里阪急ホテルでＯＧＣＴＳ（現Ｄａｉｇａｓエナジー）主催の「千里中央地域冷暖房五〇周年記念感謝の夕べ」が開催される。

一九七〇年の大阪万国博会場と千里地区での日本最初の地域冷暖房施設が実現して二年後の一九七二年に当協会が発足。二〇二二年に五〇周年、一九九二年に『20年のあゆみ』を出版したことから、一九九三〜二〇二二年の三〇年の経過の今後の展望を『50年のあゆみ』として発行したことは冒頭のとおりである。五〇年という節目を迎え、当協会には「都市環境学を開く」にあたっての水先案内役を期待しており、そのためにも、二〇二三年四月、協会専務理事に学術理事の佐土原聡君を専務理事に、学術理事として中嶋浩三君と村上公哉君、関西支部長の山田穂積、総務部長の井原透、技術部長の二見昌明の各氏を中心に、ＢＣＤとカーボンニュートラルに関する実装研究を率先して開始する。

二〇二四年の賀詞交換会で、国土強靭化とカーボンニュートラルの国策達成にあたって、二〇三〇年を目指した一三の特別委員会を立ち上げた。大阪・関西万博会場での水素ＣＧＳによるＤＨＣには失敗したが、海外からの水素・アンモニアサプライチェーンを確実にするための調査団をオセアニアと中近東に派遣。この成果をもとに組織の再検討を開始する。ＧＸの推進にあたっては、ゴミ排熱利用によるＣＮ・ＤＨＣ実装に寄与する事業主体の推進を検討する。

ＤＨＣ協会として「国内外の水素等サプライチェーン構築と利活用」に資するため、都市域における水素等導入ロードマップ作成を視野に、諸外国の動向、わが国の政策動向、技術開発動向、実証、企業動向等を幅広く情報収集、調査し、必要に応じて提言する。必要に応じて、ＥＵ、米国等の水素戦略、水素プロジェクト等の取り組み状況を把握するため、次の６ＷＧでの調査を二〇二四年度から実施することになったのだ。

①海外の水素等政策、動向調査
（ＥＵ、米国、豪州、ＵＡＥ等、ＪＣＭ、ＪＩＣＡ、海外インフラ展開政策・戦略等）
②国、自治体の水素政策等動向調査
（経済産業省、環境省、国交省、総務省、ＮＥＤＯ、東京都、横浜・名古屋・大阪・神戸市等）
③水素等製造・貯蔵・輸送技術動向調査
（各企業、技術組合…水素船、ＧＩ基金等）
④水素等利活用技術動向調査
⑤クリーン水素等取り組み動向と需要創出可能性調査
⑥ＪＣＭ形成動向と可能性調査

5

都市環境学を開く

章扉写真／尾島怜子撮影

二〇二四年十月十二日、尾島研究室のOB会が二〇〇一年から毎年開催しているアジア都市環境学会の第二一回国際シンポジウムを、日本建築学会建築会館で開催する。開催にあたっては、「都市環境学が開くアジアの未来」をテーマとした。

その基調講演には、本書を参考資料としている。それは、ちょうど五〇年前の一九七四年四月、早大の教授就任時、日本で初めての都市環境工学専修の講座を開設したからである。早大入学時から研究テーマを、「建築」から「設備」、「設備」から「都市設備」へと移して探究してきた。「Science for Science」を目指し、建築から都市のSafety, Healthy, Efficiency, Comfortableとしての「都市の設備計画」から、それが使われることで環境への影響を学ぶ「都市環境学へ」と発展させてきた。

その結果、「Science for Society」としての、地球社会でのあるべき都市や環境の探求という設計科学に目覚める。自分の生活する東京から日本、さらには急速に発展してきた巨大な中国やインド、東南アジア諸国の発展によって起こる様々な地球上の問題（ものごと）に関心を持たざるを得ず、研究してきた成果を二〇〇八年に『都市環境学へ』と題して出版した。

『都市環境学を開く』では、これからの都市環境学のあり方をイメージするための「まとめ」を書くにあたって、二〇一七年に出版した『都市環境から考えるこれからのまちづくり』では学生たちのいまを知ることができ、また二〇二一年に出版した『アフターコロナ時代の都市環境』では、アジア都市環境学会会員の考え方がわかった。しかしこれからの都市環境学を切り拓くためには、やはりこれまでの足跡を忠実に記すことによってのみ、これからの「都市環境学を開く」

ことができると考えるに至った。

「都市環境学を開く」にあたって、最初に学んだ建築学科入学時の教科書、ギーディオン(Sigfried Giedion)の『空間・時間・建築』(太田實訳、丸善、一九五五年)を思い出した。建築を学ぶには、建築の存在する時間と空間を学ぶことであった。建築の集合としての都市は、その存在する時間・空間を拡充して考える必要がある。同時に、その主体者としての人間生活の文化や文明を学ぶことも必要であると考えると、俄然と視野が開けてきた。まずは日本文化と世界の現況で学ぶことからだ。

1　日本文化を世界文明へ

米政治学者サミュエル・ハンチントンは、著書『文明の衝突と21世紀の日本』（鈴木主税訳、図1）の序文で、以下のように記している。「オズワルド・シュペングラーを含む少数の文明史家が主張するところによれば、日本が独自の文明をもつようになったのは起源五世紀頃だったという。私がその立場をとるのは、日本の文明が基本的な側面で中国の文明と異なるからである。それに加えて、日本が明らかに前世紀に近代化を遂げた一方で、日本の文明と文化は西欧のそれと異なったままである。日本は近代化されたが、西欧にならなかった」。

この序文にあるように、日本は五世紀頃から世界史に登場するが、日本人や日本列島の歴史は二万年の縄文時代に源を発していることについては、同著では全く触れられていない。この点について、次のように考察した。

表1に示したように、日本の文化・文明は三万年間継承されている。五世紀以前の日本史は、これまでユニークな日本文化としてのみ記されてきたが、最近の考古学等の研究で、文明と呼べるほどに高度な建築技術や生活様式が日本列島全体に存在していたことが立証されている。筆者は『日本は世界のまほろば2』の後記にも、「一万年以前の原始時代に、日本列島の各地に住み着いて平和に暮らしていた縄文人の生活遺跡が、最近続々と発見され、日本の古代史が書き改められようとしている」と記した。

ユヴァル・ノア・ハラリ著『サピエンス全史』（柴田裕之訳、河出書房新社）から、狩猟と漁

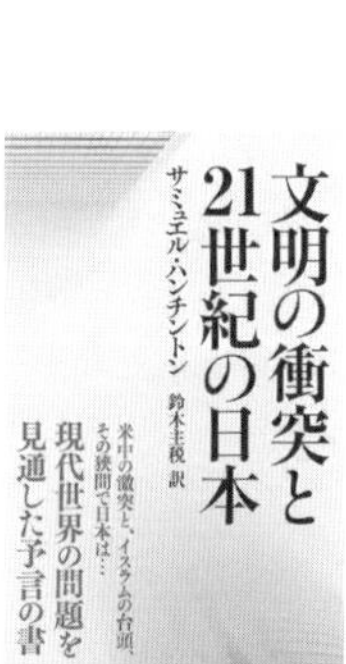

図1「文明の衝突と21世紀の日本」（集英社、一九八八年）

表1　日本の文化・文明歴は3万年継承

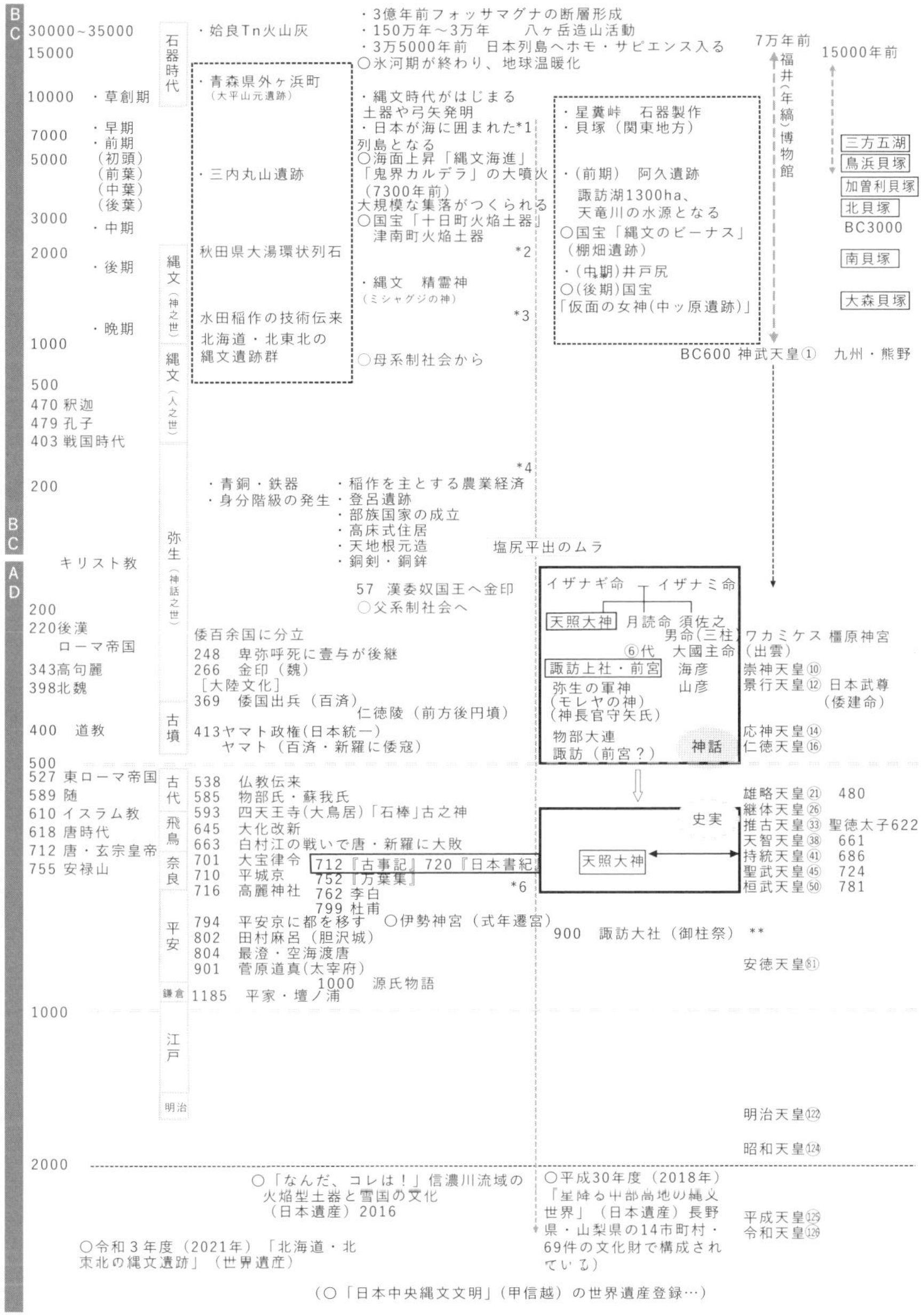

＊平出遺跡（長野県塩尻市）の出土、＊1　縄文早期の遺物、＊2　中期の住居跡（63件）、＊3　縄文後期の敷石住居跡（2件）、＊4　弥生初期の遺物、　＊5　古墳時代の住居跡（75軒）、＊6　平安時代の住居跡（32軒）、**中ッ原遺跡（8本の御柱）BC2000　→　前宮の4本の御柱（BC-AD）、諏訪大社本宮の４本御柱（AD900）

労のどちらが縄文時代一万年もの日本列島の生活文化の中心であったかを考えるに、勅使河原彰著『縄文時代史』への「縄文人の社会」の二節「集落と村落のつながり」が参考になる。シカやイノシシの狩猟活動による八ヶ岳西南麓と、貝や魚の漁労活動による東京湾東岸の貝塚密集地帯を比較して、五〇〇〇年～三〇〇〇年前の縄文時代には同様に栄えていたことが記されている。

東京周辺の貝塚に関しては、千葉の加曽利貝塚（図2）が日本最大級の貝塚であり、一九七一年に北貝塚が、一九七七年に南貝塚が国の史跡に指定され、二〇一七年には貝塚として唯一、国の特別史跡に指定されている。

特別史跡のパンフレットには、「史跡の面積は約一五・一ヘクタールで、世界でも最大規模の貝塚」、「二〇一七年十月、史跡の中でも『学術上の価値が特に高く、我が国文化の象徴』として、貝塚として初めて国の「特別史跡」に指定されました」とあり、以下のように説明している。

加曽利貝塚の地に残された人類の痕跡は、旧石器時代までさかのぼります。大きなムラがつくられたのは縄文時代中期後半（約五〇〇〇年前）で、直径約一四〇メートルで環状の形をした北貝塚が形成され、後期前半（約四〇〇〇年前）になると長径約一九〇メートルで馬蹄形の南貝塚が形成されます。時期の異なる二つの大型の貝塚が連結して「8の字」状に見え、東京湾東岸の大型貝塚群の中で最大の規模を誇ります。その後、貝塚が形成されなくなった晩期中頃（約三〇〇〇年前）まで拠点的な集落が営まれ、この地が二〇〇〇年もの長い期間にわたり繰り返し利用されてきた特別な土地であることが明らかになっています。

図2 千葉市加曽利貝塚
（左）国指定史跡（右）特別史跡の石碑

八ヶ岳山麓で出土した国宝の土偶「縄文のビーナス」が作られた縄文時代中期、紀元前三〇〇〇年頃に北貝塚が使われ始め、縄文時代後期、紀元前二〇〇〇年の土偶「仮面の女神」が発掘された頃に、南貝塚が使われ始めたようだ。周辺人口は最大二五万人と、八ヶ岳山麓の縄文人口と同程度で、関東地域は遅れてはいるが、八ヶ岳山麓と並ぶ日本有数の人口集積地であったようだ。紀元前三〇〇〇年前頃には八ヶ岳山麓の人口が増加しすぎて、海退と共に関東地方へ流入したことや、南貝塚から出土した貝の大きさや種類に規制された形跡のあることから、乱獲を防止するコミュニティも十分に維持されていたことなどもわかっている。

貝塚の人骨や犬の骨などは、DNA分析で科学的に考古学に寄与するため、縄文時代の生活研究には当地の発掘はこれから非常に有効だ。そのため、当地にやってくる多種多様な専門家が増加しているとのことだ。塩尻の平出遺跡の竪穴住宅を復元した業者が当地の竪穴住居を復元し、その中で実際に火を焚いて、土器の使い方を研究したり、子供たちを接待したりしているボランティアに感心した。

図3にみるフォッサマグナと列島横断線に沿って発掘されている縄文遺跡から、三万年もの間、継承された生活文化のあることもわかってきた。

前出の表1の右中段に□印で示した出雲と諏訪地方の政権がどの年代に属するかについて、『日本書紀』では、天照大神が持統天皇であることで三〇〇年以上前の神話の世界と結びつけたとすれば、諏訪大社の上社前宮の創立は七〇〇年代以降となり、九〇〇年代の上社本宮の創立に近づくことで史実と合致する。出雲と諏訪は、神話の世界でのみ語られており、『日本書紀』や『古事記』同様、神話と史実を結びつける研究が求められている。

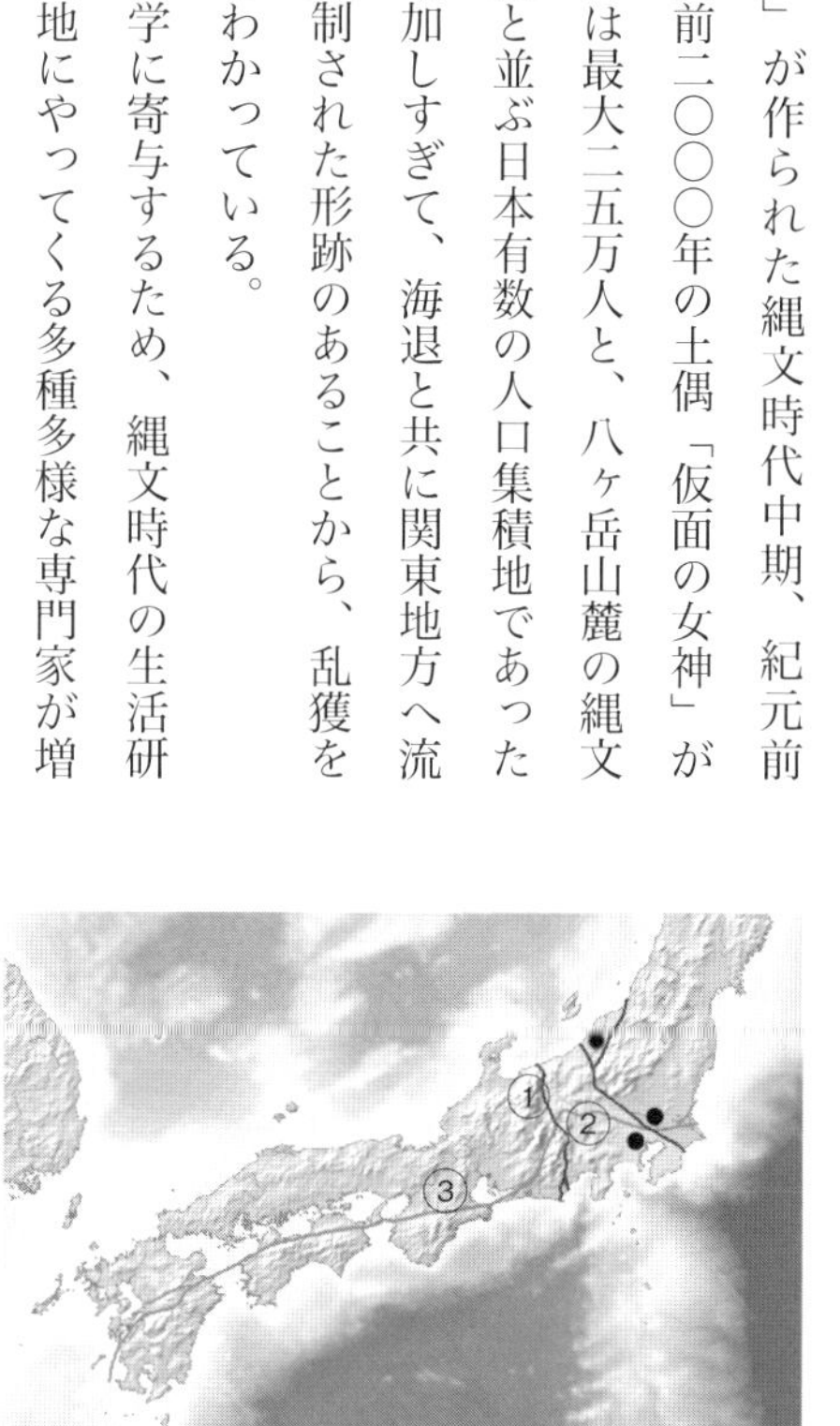

図3A ①糸魚川静岡構造線、②フォッサマグナ、③中央構造線（Wikimedia Commons）

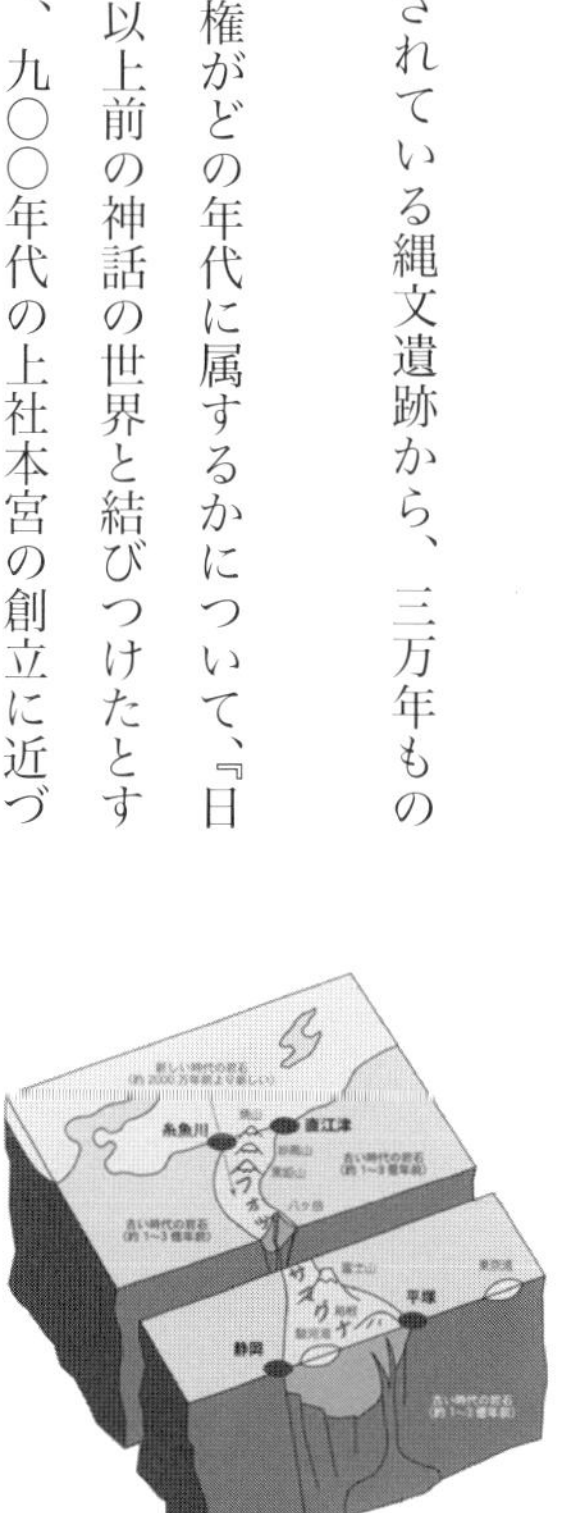

B フォッサマグナと八ヶ岳造山活動（150万年～3万年前）（https://www.city.itoigawa.lg.jp/6525.htm）

紀元前五〇〇年から紀元五〇〇年の一〇〇年間は、日本の歴史学と考古学にとって空白の時代と言われて久しく、しかし、その空白の時代が急速に埋められつつある。ＤＮＡからみた日本人のルーツ調査によれば、八九〇〇年前の縄文早期から一四〇〇年前の古墳時代にかけて、関東・北陸・中国・四国の六つの遺跡から出土した一二体分の人骨と公表されている北海道・東海・九州の縄文・弥生時代の人骨の遺伝情報と表1の時代を参考に比較・分析すると、図4のようになる（金沢大学資料）。

弥生時代の人骨には縄文のＤＮＡは六〇%で、弥生時代の三〇〇〜四〇〇年間には四〇%。しかし古墳時代の一〇〇〜二〇〇年間になんと六四%もの東アジア祖先のＮＤＡが示される。現代の日本人のルーツは、弥生時代と古墳時代に日本の内部交流で育まれたものと考えられる。この空白の一〇〇〇年間、倭国からヤマト（大和、日本国）の文化が育まれた時代は、ある意味、神話の世界にある。この時代をもっと研究することが大切で、それには諏訪の地こそ、最適な地域である。戸矢学著『諏訪の神』によれば、諏訪には弥生時代以降に成立した神道とそれ以前の縄文時代から連綿と続く土俗信仰が共存・併存・融合混合して、なんとも不思議な状態にある。

縄文の精霊神（ミシャグジ神、石棒が御神体）、弥生の軍神（モレヤ神・洩矢神・神長官守矢氏・守屋山）に続いて諏訪大社から分祀・勧請された全国五万五〇〇〇余の神社・石祠・小祠には、四本の御柱が立つ。前宮の神事「御頭祭」や物部氏を滅ぼした蘇我氏、四天王寺の大鳥居、出雲と伊勢の天皇や国家にまつわる物語のルーツと謎を解く全ての鍵はこの地にある。現代の日本人の混血割合は、古墳時代に流入した東アジアを祖先とする人々とあまり変わらないことから、五世紀前に今日の日本文化が定着したとするなら、日本文化のルーツはこの神話の時代にあると考

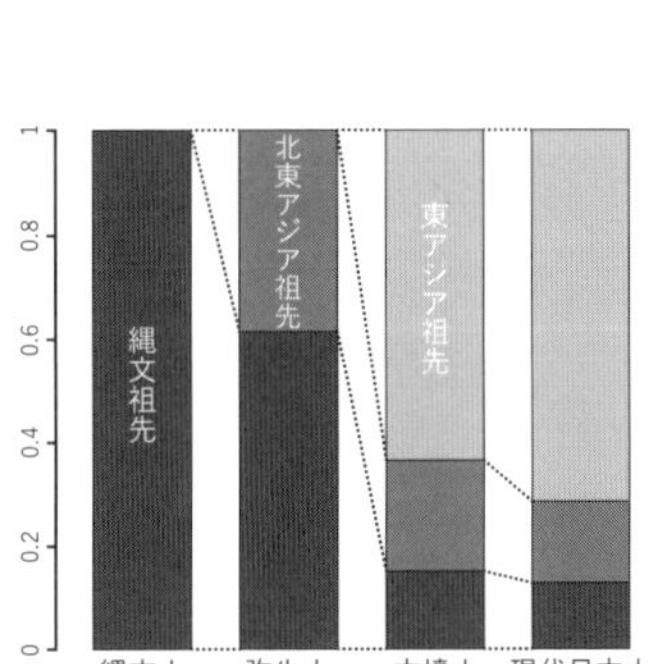

図4　縄文人・弥生人・古墳人・現代日本人の遺伝情報（金沢大学資料による）

えてよいのではないか。

二〇二一年には、北海道・北東北の縄文遺跡が世界遺産に登録された（表1の左側）。時を同じくして、八ヶ岳山麓の星糞峠の黒曜石が、日本各地に移出されていた。長野県原村の阿久遺跡は、六五〇〇年から五〇〇〇年前頃の縄文最大の環状集積墓地・集落遺跡であった。今日の諏訪湖がその後に形成されて天竜川の水源となり、一三〇〇ヘクタールの湖水面が維持され、周辺は日本列島の全人口の一〇％（今日の東京並み）の人口集積地になった。紀元前三〇〇〇年の国宝「縄文のビーナス」が棚畑遺跡で発掘され、その後、当地で二つ目の国宝となる「仮面のビーナス」が中ッ原遺跡で発掘された。

二つもの国宝の実物が、尖石縄文考古館に常時展示されているのも驚きである。この他にも、常時展示館として縄文中期の井戸尻考古館に展示されている生活土器類は見事である。注目すべきは、表1の中央にみる五〇〇〇年もの間、同じ土地に住み続けた平出《ひらいで》遺跡がいまも存続していることから、歴史学（文献中心の学問）と考古学（科学的計測中心の学問）を結びつけられるのが当地のすごさである。

長野県塩尻市の平出遺跡は、比叡山麓に平出泉があり、その泉から流れる渋川に沿って東西一キロメートル、南北三〇〇メートル（三〇ヘクタール）の地に、旧石器時代（約四万年前、田川添いの遺跡）、縄文時代（一万三〇〇〇年前の縄文土器、五〇〇〇年前の竪穴住居や環状集落、土偶や石棒発掘）、弥生時代（約二三〇〇年前、石の道具、鉄の道具、田川沿いにムラ、柴宮銅鐸まつり跡、古墳時代（約一七〇〇年前、大きなムラ群、平出古墳群、たくさんの種類の食器出土）、奈良時代（約一三〇〇年前、仏教を信仰する証として菖蒲沢瓦塔）、平安時代（約七二〇年

図5 平山遺跡（OpenStreetMap contributors/openstreetmap.orgをもとに筆者作成）

〜八〇〇年前、須恵器、灰釉陶器、他住居跡）の遺跡が見られる。表1の二万年もの間、連続して同じ場所に人々が生活していたユニークな遺跡として注目される。

東山魁夷（一九〇八〜一九九九）の『日本の美を求めて』には、以下の一節がある。

日本の美術史上、いちばん古い縄文式土器の時代は怪奇で、呪詛的で、エネルギッシュで、異質、それに続く弥生式土器の時代になると、単純で、おおらかな形。縄文式文化は日本の主流にはならなくて、その底にある。つまり、弥生・縄文両文化は、表と裏となって、今日の日本文化を形成している。一方はつよく、はげしく、複雑であり、一方はやさしく、おおらかで、単純である。やさしく簡潔なフォルムの方が表になって、つよいほうが内に包まれている。

すでに、五世紀から今日に至る日本の文化・文明は世界文明*の一つに位置づけられている。これを五世紀からではなく一万五〇〇〇年前から継承されつつ、古墳時代の二〜三世紀に定着したのが日本の生活文化であることを世界に認知させることが求められる。日本の少子高齢化と今日の自信喪失から誇りを取り戻すためには、こうした世界観に基づく主体者としての日本人のための都市環境学を開くことも大切だ。

* 世界文明：メソポタミア文明・エジプト文明・インダス文明・中国文明の四大河文明に対して、サミュエル・ハンチントンは、西欧・東方正教会・イスラム・アフリカ・ラテンアメリカ・中国・ヒンドゥ（仏教）・日本の八代文明を一九九〇年以後の世界文明とした

【コラム】戦争・紛争・難民問題を問う

国連は「誰一人取り残さない」というSDGs概念に基づいて、二〇三〇年アジェンダを採択。COP3の京都議定書、COP21のパリ協定を経て、ドバイで開かれたCOP28では、気候変動で三〇年後には二億人の難民が出るとの研究結果が取り上げられた。ふと、都市環境学でその何が開けたかを思う。

第二次世界大戦を防げなかった国際連盟の反省を踏まえ、国際連合は一九四五年十月、五一か国の加盟国で設立された。日本は一九五六年十二月、八〇番目の加盟国になった。現在は一九三か国が加盟し、英・仏・中・ロシア・スペイン・アラビア語の六か国語が公用語になっている。

しかし国連が生まれてからも、紛争や戦争が絶えない。新聞報道を見る限り、故郷を追われた人の数は、二〇二三年六月二十日「世界難民の日」時点で一億一〇〇〇万人を超えて、二〇二四年には一億二〇〇〇万人と、日本の人口に相当する。問題は、最も重要な戦争を防ぐ目的達成にあたっての安全保障理事会において、時の戦勝国であった米・英・仏・中・ロシアの五か国が常任理事国として「拒否権」を有したこと。この常任理事国の一か国の反対があった場合には、全ての事項は成立しないことである（憲章第二七条）。

地球環境の自然破壊と同時に、人災による環境破壊は都市環境学にとっての大問題である。COP28の報告にあるように、人災がもたらす気候変動が紛争を誘発させ、難民を生み出している。本書を書き始めて間もなく、コロナ・パンデミックやロシアによるウクライナ侵攻、中東でのイスラエルとイスラム組織ハマスの衝突などで世界は対立し、分断された。国際社会は「法の支配」に基づいた国

表2　世界の主な戦争及び大規模武力紛争による犠牲者数（第二次世界大戦以降）

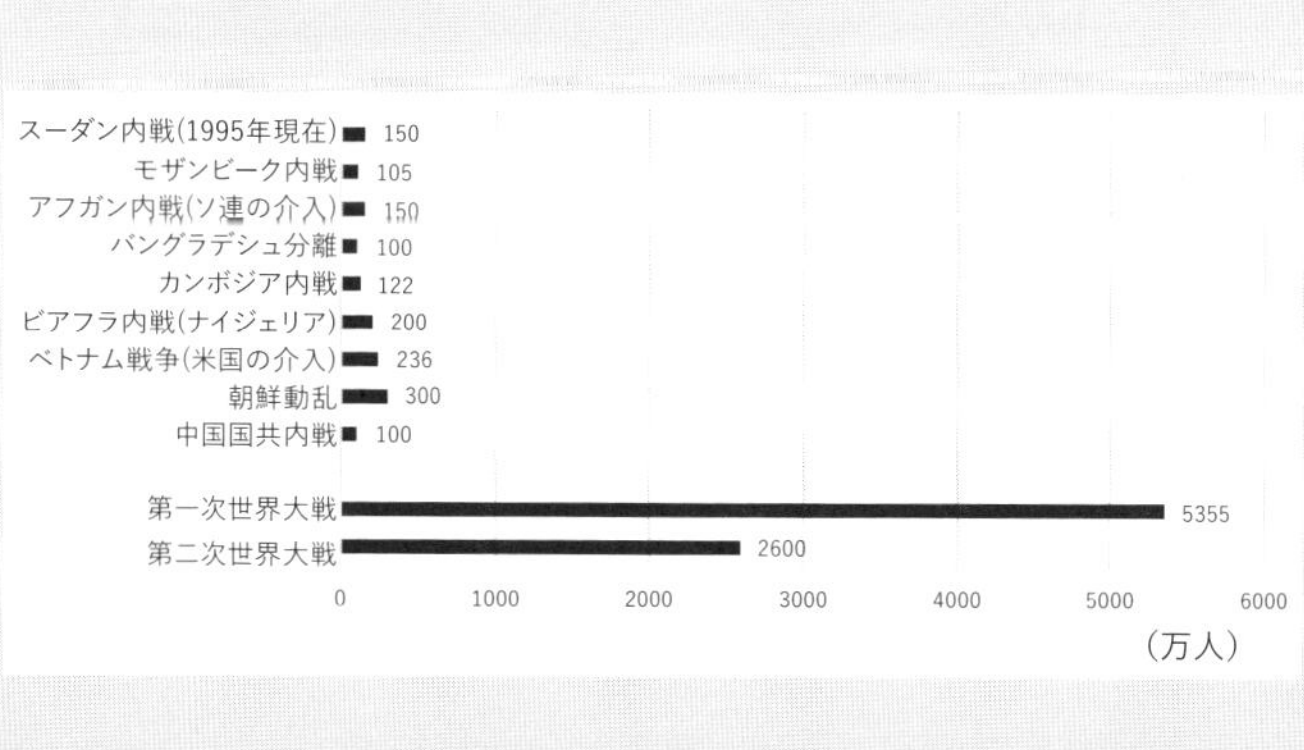

連の対処の限界を露呈している。この「都市環境学を開く」に、地理学と政治学を合成した地政学が参考になるかと注目した。しかし、現代日本では、大東亜共栄圏を根拠に日本が膨張政策を推進したことから、ＧＨＱで禁止され、いまに至るもタブー視されていることがわかってきた。地政学の大原則は「偽善」で、国際政治ほど偽善で残酷なものはないことは、国際法や戦争のルールが全く無視されて進行している蛮行を見るまでもなく、昨今の国連安保理決議で明らかである。

「価値」「力」「利益」が、戦争への三要素と評価される。一九四一年、日本はＧＤＰで一二倍、航空機生産で五倍、石油産出では八〇〇倍のアメリカと太平洋戦争に突入した。二〇二二年二月のロシアとウクライナの兵力比は九〇万人対二〇万人、予備役二〇〇万人対九〇万人。軍用車両一万五〇〇〇両対三〇〇〇両。軍事費一〇〇

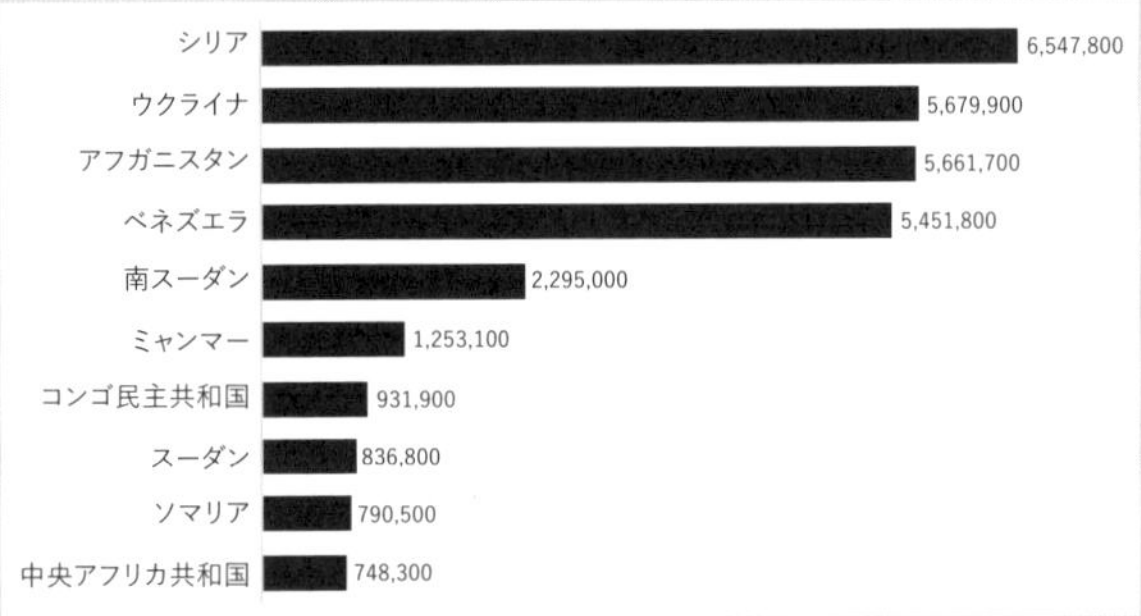

表3 国外へ逃れた難民の出身国上位10か国（二〇二二年、国連UNHCR協会）

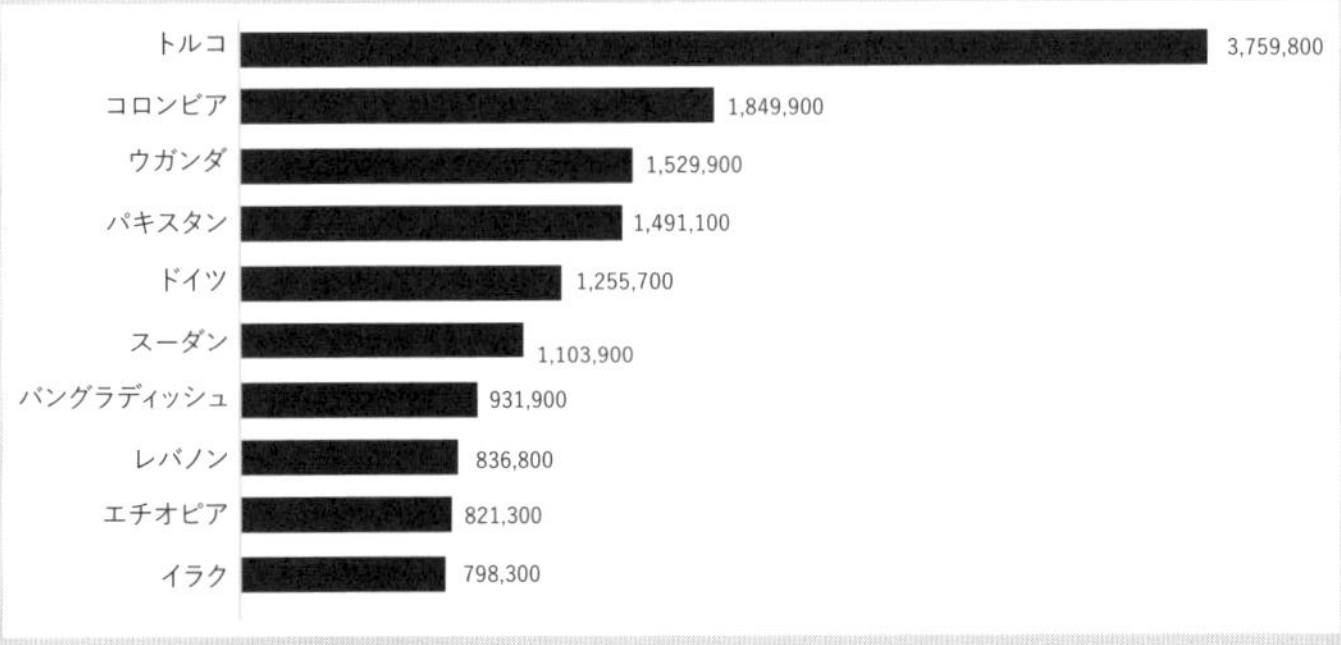

表4 国外へ逃れた難民の受け入国上位10か国（二〇二二年、国連UNHCR協会）

対一〇の状況下にあって、二年以上も継戦して膠着状態が続く。

二〇二三年十月、ハマスの突然の襲撃によって、イスラエルの民千四百人が死傷、二五〇人が人質として拘束された。イスラエル軍は報復としてパレスチナの「ガザ地区」を攻撃。二〇二四年四月、戦闘が始まって半年の時点で、ガザ地区ではイスラエル軍の空爆が続き、すでに三万人以上の犠牲者を出している。負傷者七万五七五〇人、避難民数百七〇万人。避難者の半数以上が飢えの瀬戸際で、人道危機が極限まで達している。破壊された住宅七万棟以上、インフラ被害額二兆八〇〇〇億円相当（国連などから二〇二四年四月五日発表）は、史実として記録しておきたい。

表5 ロシア・ウクライナ 二〇二四年装備比較

装備	戦車	大砲	空軍	兵員	毎日の砲弾
ロシア軍	1,750両	4,397両	1,007機	260万人	10,000発
ウクライナ軍	937両	1,639両	70機	120万人	2,000発

2　安全から安心を考える

わが国は、一九九五年の阪神・淡路大震災や二〇一一年の東日本大震災で未曾有の災害を経験し、これらの災害からの教訓をもとに、国土と地域社会の防災性向上を図ってきた。また、二〇一三年に成立した「国土強靭化基本法」をもとに道路・鉄道、河川および各種ライフライン等の重要社会基盤施設、および産業施設の強靭化対策が多額の公的資金の投入のもとに行われている。しかしながら、二〇一六年の熊本地震、二〇一八年の北海道胆振東部地震に見られるように、災害のたびに新たな社会の脆弱性が露呈していることも事実である。さらに近年、地球規模での気候変動に関連していると考えられる気象災害が多発し、地域社会に深刻な脅威を与えている。

図6に日本国の地体構造を示す。国土の北方に北米プレートがあり、東の太平洋プレートが北米プレートの下に潜り込んだ歪みを解消したことが、東日本大震災の原因であった。この自然現象から、改めて日本列島を取り巻く四つのプレートや海溝、断層、大地溝帯などをみると、ユーラシアプレートに載った本州の中央にフォッサマグナの大地溝帯があり、本州を真二つに分断している。このフォッサマグナ上に伊豆半島を乗せたフィリピン海プレートがあり、本州のユーラシアプレートや北米プレートを押している。その間の南海トラフが起こすと予測される巨大地震について二〇一二年三月、内閣府は地震規模M九・一、津波高三四メートル、震度七地域の拡張を公表している。世界的にみてM六以上の大地震の二〇%が日本で起こっていることや、世界中の活火山の一〇%が日本にあることから、日本国は世界中で最も危険なところと考えられる。地

図6　日本の地体構造

球上の〇・二五%の国土に二〇%も大地震や一〇%もの活火山があることは、他の国々の一〇〇倍もの大自然の脅威に晒されている反面、活力に恵まれた自然環境にあるとも考えられよう。

阪神・淡路大震災からの二五年間は決して失われた年月でなく、二〇一三年の国土強靭化基本法の成立や、専門的な技術や対策は相当進んだ。しかし、それ以上に都市の拡大や老朽化が進み、加えて自然災害の規模は想定以上に巨大化しつつある。設計基準の見直しと共に、防災には限界があることから、少なくとも減災対策が喫緊の課題である。特に、政治・行政等の「公助」の限界を考え、「共助」「自助」の面で、日本の安全・安心は、私たち各自の自己責任で取り組むべきことが多い。

(1) 早稲田大学東京安全研究所の提言

図7の各震災における死因の内訳を見るまでもなく、直下型地震では焼死や圧死による多くの犠牲者が予測される。

早稲田大学東京安全研究所では、以下に記す一〇項目の減災研究課題を五年間の成果として提言した。

①日本人の政府報告に関する信頼度を高める研究

自然災害による被害を軽減するためには、優先順位をつけること。そのためには「何を何処まで守りたいか」決めることである。日本は世界中で最も自然災害リスクが大きいうえ、東京は特に問題で、政府に対する国民の信頼度が高いことがこの問題解決にとって最善策である。しか

図7 各震災における死因の内訳

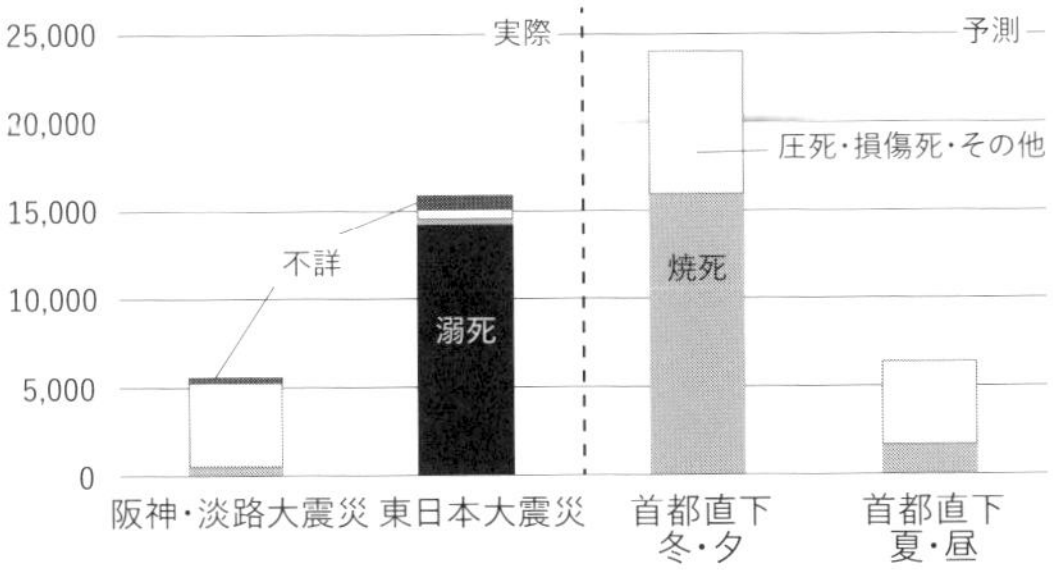

るに、日本人の政府に対する信頼度は二〇一六年時点で三六％とＯＥＣＤ三五か国中二三番目（二〇〇七年度は二四％で三〇番目であったことから少しは改善されている）、戦時下の大本営発表のラジオニュースを思い出すまでもない。

②防災・減災教育の充実と訓練の重要度研究

二〇一三年の内閣府発表の首都直下地震被害予測に基づいて制作されたＮＨＫスペシャル「体感 首都直下地震」（四日間の生活者被災シミュレーション）が与えた都民に対する教育効果は大きい。

二〇一六年の科学技術基本計画でSociety 5.0社会の仮想と現実空間を演じた直下地震の悲惨な状況に現実味を与えたからである。

被災者の避難や仮設住宅での悲惨な生活体験に基づいた文化・福祉施設の状況調査結果がよい教材となる。災害救助法は被災者の受益限界で、厚労省から内閣府に移管されたことで逆に安心できない。首都直下地震の被害想定を考えれば、今日考えられている仮設住宅等対応策では、不可能である。三〇〇万人の避難者や三三万棟の全壊住宅は桁外れのスケールで、全く対応できないことを知らせることが減災教育の第一歩である。

③災害対策を全て内閣府に統括したことで各省庁が責任回避

かつて首都圏の防災問題は国土庁が所管し、ＤＩＳ（地震防災情報システム）の研究や成果の状況は外部からわかりやすかった。しかしアメリカのＦＥＭＡ（アメリカ合衆国連邦緊急事態管理庁）の如き体制をまねて、担当職員の十分な手当もないまま、日本は全ての防災情報を内閣府に総括したことによって責任回避が起こっている。実例を挙げると、ＤＩＳに加えて文科省等のＲＡＳ（人工衛星等を活用した被害早期把握システム）、地方自治体のＰＦ（防災情報共有プラットフォーム）を総合防災情報システムとして内閣府が統括。震度四以上の地域に十分程で推計した結果を各所へ報告することになっている。しかるに、是は内部では試行されたようだが実装されていない。ＤＩＳやＰＦ情報は各建物に設置された強震計等の情報収集により、その正確さが保証される技術を持ちながら、日本での活用が全くなされていない。

④地方自治体の総合計画（ハザードマップ）の限界と活用研究

二〇一三年の国土強靭化基本計画に基づいて、地域強靭化計画として地方自治体が総合計画を策定する。その具体策としてハザードマップが市民に公表されている。同時に、地震や洪水、火災等に備えて、避難所の指定も公表されている。しかし、その避難所がどれほど有効であるか等の実証性が問題である。例えば、地震対策と洪水対策としての避難所は必ずしも同じであってはならない。さらに、受け入れ可能な人数があまりに不足している。

地域住民のための地域防災計画でも、東京湾岸に立地している石油コンビナート等は経産省の特別防災区域に指定され（石油コンビナート等防災計画による）、事業者の企業機密などから情報共有や開示が十分にできていない。そのため、周辺住民や市町村には安全性に対する情報共有が行われていない。地域防災計画のハザードマップを超えるような同時・広域災害地等は想定外とされて、過酷事故時の対策は全くなされていない。

⑤気候変動やL1（一〇〇年に一度）からL2（一〇〇〇年に一度）の災害対策研究

地球温暖化による気候変動から、これまでは一〇〇年に一度の自然災害対策でよかったが、千年に一度の災害を想定すべき状況下、防災基準としての設計値の大幅な変更が求められている。その数値の見直しの研究は全く不足している。

自助・共助・公助の比重が（七：二：一）から（九：一：〇）になるとすら予測されるとき、災害弱者の自己責任のあり方についての研究がない。津波対策での教訓（てんでんこ）のような行動指針が地震や洪水の場合も必要になろう。世界的気候変動の予測等に対する研究投資や情報収集も日本にとって重要な研究課題である。

⑥東京直下地震や南海トラフ地震に備えて海外の再保険会社との共同研究

一九八九年の横浜国際都市防災会議で、イギリスのロイズ保険会社のアンダーライターが「湾岸戦争に保険を掛けても、東京・横浜の建物には地震保険は不可能」と発言。二〇〇三年にその発言を裏付けたのはドイツのミュンヘン再保険会社で、「世界の大都市危険度指数」を公表した。

住宅等の地震保険は国の補助で、八兆円を限度に相当普及し始めているが、一般の建物はもちろん、リート物件ですら二〇～三〇％の加入状況である。

日本の建物は、世界で最も安全に設計されていると思われるも、世界の再保険会社には全く認められていない。世界で最も数多くの地震計を列島に配置して（強震計五五〇〇点、震度計四四〇〇点、全国二〇キロメートル間隔で計測）、P波S波の測定から新幹線のユレダス計測で運転を可能にしたように、各建物や避難所に十分なセンサーとサイネージにより減災を可能にするＢＣＰ研究も進んでいる。こうした状況を世界に認知させるには、海外有力再保険会社と日本チームの共同研究が大切である。

⑦江東五区や都市地下空間に対する洪水対策としての水防法の研究

二〇一九年、江戸川区水害ハザードマップには「あなたの住まいや区内に居続けることはできません。区内にとどまるのは危険です！　江東五区を出て、標高が高い地域や浸水のおそれがない地域へ避難（広域避難）しましょう」と記された。地方自治体の責任放棄とも思われる発言は許してはならないが、住民への教育は効果的であった。洪水対策としても水防法も新設されたことから、その実装にあたっての研究課題として、第一に、ハザードマップによる避難訓練を要求する。第二に、原子力発電所の再稼働条件とされる周辺住民の避難確保に関するシミュレーションや受け入れ自治体の確認調査を参考にする。

⑧都心に分散電源や応急判定の強震計を設置

高層住宅や地下空間、救急病院や避難所での停電は人命に直接影響を与えることから、自家発電のみならず、中圧ガス管によるＣＧＳの分散電源や特別送配電ネットワークの新設により、全電源の停止を未然に防ぐこと。さらに建物の全壊が三〇万棟に及ぶと予測される首都直下地震対策として、余震時も利用可能建物の活用策として、できる限りの強震計（建物の全壊や余震危険時表示）を設置する。消火器の全家庭配置を義務づけたことを考えれば、二〇三〇年までに低コスト化した強震計の設置は十分可能な減災対策と考えられる。

⑨仮設市街地としての防災見附地やＤＣＰ拠点の確保研究

「セーフティ東京防災プラン」での達成度や東京都震災マニュアルを支援するための実態調査で、民間側から支援できる対策として、ＤＣＰ拠点の公費補助を検討する。具体的には、ブロック塀・木密住宅地・生活道路の確保等の実態調査により、問題個所の指摘で達成目標を百％へ。

発災時に都心市街地の混乱を回避し、駅周辺の帰宅困難者の安全・安心な一時避難を支援するためには、一〇〇〇万人の昼間人口に対応した防災拠点となる「防災見附」（エリア防災ＤＣＰ：District Continuity Plan）を検討する。地方自治体の地域防災計画は地域住民を主としているため、昼間人口対策には公助がなく、企業や商店街の共助に任されている現況を打破することで、インバウンドの外国人などの救済が可能となる。

⑩二〇三〇年目標のＳＤＧｓ（誰一人取り残さない都民の生命を守る）研究

タワーマンションや地下空間に安心センサーを設置して、その結果を住民に情報提供することにより、自己責任での避難を可能にする。自助には正確な情報提供は不可欠である。

災害事前立法に基づく復興計画の策定もまた、地域防災計画に取り入れられているが、その実行は皆無である。

二〇三〇年まで誰一人取り残さない社会の実現にはSociety 5.0社会の実装による科学的被災状況を認識させる必要がある。今後三〇年間で首都直下地震の発災する確率が七〇％と想定される時、最悪避難者三〇〇万人、建物全壊三〇万棟等の避難場所や仮設住宅の提供は不可能として、その後は思考停止である。阪神・淡路大震災や東日本大震災後の災害復興住宅での高齢者の増大と孤独死の悲惨な状態を考え、二地域居住などによる事前災害対策研究が大切である。

（2）技術的安全対策から安心を生む智恵

二〇二一年三月、早大の秋山充良教授が代表で、鹿島学術振興財団からの研究助成報告「東京の都市災害・被害予測と防災・減災研究出版シリーズの検証調査研究」が提出された。この報告のまとめと展望から、本研究を指導された先生方から、生命を守る強力な建築・土木・都市計画分野の技術が、どれほど進んでいるかについても学ぶことにより、安心して自助のあり方を知ることができる解説書を出版し、講演やシンポジウムを開催する必要がある。この研究を継承するにあたっては、表6に示した早大東京安全研究所での成果にある「首都東京の災害から命を守る技術」の出版目次（案）をベースに、「安全」から「安心」への「智恵」が大切である。具体的に、東京で予測される直下地震・東南海地震・富士山噴火・気候変動による浸水・高潮・津波・原子力発電所の放射能汚染等々から東京人の生命を守る技術を分かり易く解説し、広報することが大切である。

日本学術会議で学んだ「安全」と「安心」に関しての智恵は、「安全」はScience for Scienceとして、「真理は一つ」であり、「あるものの探究」としての認識科学である。同時に、「安心」は、Science for Societyとして、「真実は無数」にあり、「あるべきものの探求」としての設計科学である。前者はデジタル的で、後者はアナログ的でもある。

表6 「首都東京の災害から命を守る技術」出版目次（案）

序　予測される首都東京の被災
（東京直下地震・南海トラフ地震・富士山爆発他
／気候変動・津波・洪水・新型コロナ・原発事故）

1編　建築技術分野
1章　超高層建築
2章　地下空間
3章　仮設住宅・みなし仮設
4章　即時耐震性能センサー

2編　土木技術分野
5章　洪水（予測・対策）
6章　津波
7章　コンビナート
8章　防災・教育

3編　都市計画技術分野
9章　BCD・分散電源・CGS
10章　防災情報・ICT
11章　木造密集地
12章　エリア防災DCD

4編　総論
大丸有地区モデル

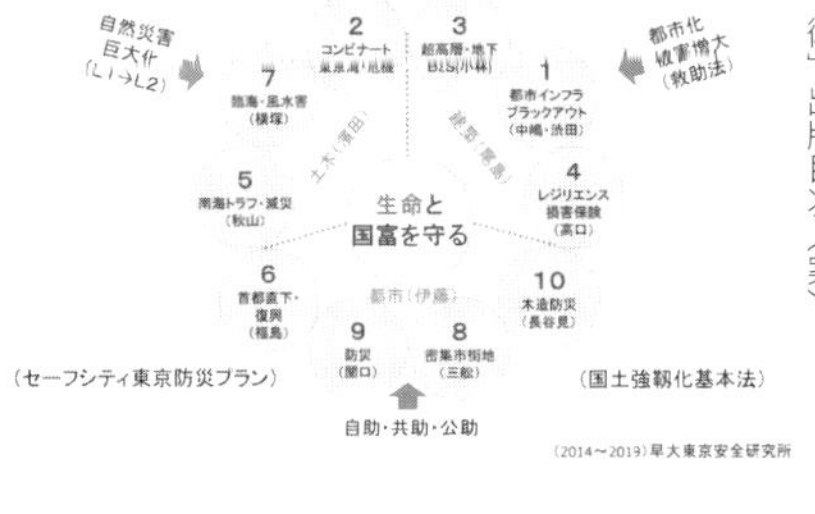

図8 二〇一四～二〇一九 早大東京安全研究所

［コラム］自身の災害体験

二〇二四年二月、日本建築学会誌五月号特集「マルチハザードリスクがもたらす建築・都市の姿」の座談会で、災害リスクが変化するなか、マルチハザードに向き合う際に考えるべきことを、都市環境・エネルギーの視点を交えて話して欲しいと要望された。そこで参考資料として作成したのが、私自身の体験した一〇〇年L－1相当の災害を記録した年譜だ（表7）。

私は、一九三七年九月一日正午に富山市の中心市街地に生まれたが、関東大震災を体験した父は、九月一日から九月二日に変えて出生届を提出した。この年に日中戦争が始まった上、父は戦争で中国へ。

一九四五年八月二日、富山市はB29の大空襲で全焼。私は小学校一年生であったが、コレラに罹患したと間違えられ、赤十字病院の隔離病棟で、毎日のように人々が亡くなる感染症の悲惨な状況を体験。結局、肋膜炎との診断で二年間休学。しかし小学校の書類全焼で留年もせず、疎開先の三日市小学校で健康快復。日米開戦は石油争奪が原因と知り、戦災の復興とエネルギーに関心を持つ。疎開にあたって、いざというときに、遠慮なく避難できる家があること、都市と田舎の二地域居住の大切さと良さを認識する。また、疎開先の寝物語で、一九三三年の昭和三陸地震・津波の恐ろしさを聞かされる。

一九四八年六月、福井地震（M七・一）のときは小学校四年生で、父の勤務地であった高岡の店の二階から、向かい側の人々が屋外階段に飛び出し、群衆雪崩になる様子を見て、地震時には冷静さが大切なことを学ぶ。

一九六四年の新潟地震では、大学院生として視察。新しい鉄橋（昭和大橋）が落橋して、古い石の万代橋が使えたこと、液状化でマンホールや浄化槽が浮上、RCの集合住宅が転倒した

表7 T君のL-1 災害体験年譜

年月	T君	できごと	テーマ
（1923.9.1		**関東大地震）**	エネルギー（石油）
1937.9.2	富山市誕生	**日中戦争**	戦災（感染症）
1945.8.2	黒部疎開	**富山戦災**	疎開
		広島・長崎原爆投下	
1948.6.28	小学校４年生	**福井地震**	
1956.9	早大１年生	**魚津市大火**	
1964.6.24	早大院生	**新潟地震**	液状化
		東京オリンピック	代々木国立競技場計画
1965.8	早大講師	ニューヨーク調査	風の道・熱くなる都市
1969.4	早大助教授		未来都市
1970.4		大阪万博	地域冷房設計
1974.4	早大教授		ランドサット
1979.9	中国科学院招聘研究員		自立更生・文化大革命
1980.2	中国浙江大学教授		
1988.6	東大先端科学技術センター客員教授		
1992.9.1	日本都市問題会議代表		地方都市・遷都
1993.1	日本建築学会副会長		
1995.1.17		**阪神・淡路大震災**	
1994.8.1	東大生産技術研究所教授		ヒートアイランド
1997.1.1	日本建築学会会長		COP３、気候変動
2000.7	日本学術会議会員		安全と安心
2001.9.11		ニューヨーク同時多発テロ	テロ
2004.10.23		**中越地震**	
2005.4			日本学術会議（大都市）
2008.6.1	早大名誉教授	（首相官邸）	
	（財）建築保全センター理事長		
2011.3.11		**東日本大震災・福島原発事故**	津波・原発・地震
			広域長期避難
			広域・長期放射能予測
2011.6			日本再生・バックアップ
2015.5			（結界）（神頼み）
2014.9	早大・東京安全研究所		マルチハザード
2016.4.14		**熊本地震**	COP28/COP21
2018.9.6		**北海道胆振東部地震**	BCD
2020		**COVID-19**	コロナパンデミック
2022		ロシア・ウクライナ侵攻	戦争
2024	『都市環境学を開く』	**令和６年能登半島地震**	都市の安全から安心へ

ことなどから、近代建築技術に疑問を持つ。

一九六五年夏、アメリカ初体験。カーテンウォール建築では冷房がなければ室温が五〇℃を超えることや、グロピウス設計のパンナムビルが、風の道を阻害してヒートアイランドの原因になっていることなど、都市のエネルギーインフラとして、電気・ガスに次ぐ地域冷暖房が必要なことを学ぶ。

一九七〇年の大阪万博。この未来都市では、駐車場や高速道路のコンクリートやアスファルトによる地表の高温化をリモートセンシングする。大都市の自然環境破壊が一目瞭然となり、リモートセンシングがアセスメントに役立つことを学ぶ。万博では、敦賀原発からの商用初の電力供給で、世界最大の電動冷凍機五〇〇〇冷凍トン五台を稼働させるも、実は三万キロワットの小型原子力発電機を会場地下に計画していた。これは、東京電力は福島や新潟に、関西電力は福井に原発立地するにあたっての住民対策があった。

一九七九年に、中国の自立更生型都市計画の視察にあたって中国科学院へ。一九八八年、東京大学先端研客員教授として、広域避難広場の限界とその対策調査で、巨大都市の避難の困難さや木密地対策の必要性を認識する。

一九九二年には、日本都市問題会議で、山東氏による道州制と首都移転で二地域居住やナショナルトラストの運動に参加。

一九九五年一月十七日、阪神大震災時（細川・羽田・村山内閣）、日本建築学会副会長として栗栖元幕僚長と自衛隊の勉強会で東京のクーデターの可能性を学ぶ。

一九九七年には、日本建築学会長として、COP3（京都議定書で気候変動に対する建築業界の行動指針）に参画。東大の内田秀雄教授（冷却塔の権威）から、原子力安全委員会への支援としての住民の放射線からの一次避難の大切さと避難のあり方を学ぶ。

二〇〇〇～二〇〇五年、日本学術会議で大都市の安全・安心「勧告」と新しいライフスタイルについて「声明」。「文・理の融合」と「真理と真実の違い」を学ぶ。

二〇〇八年六月に建築保全センター理事長就任は、蓮舫議員（行政刷新担当大臣）のOB天下り対策。

二〇一一年三月十一日の東日本大震災と福島原発事故時の内閣は鳩山・菅・野田氏で、阪神大震災時と同様の野党政権下、首相官邸の管理者として、菅首相の参与・五十嵐先生の要請で原発事故時の避難者を算定。三～五キロメートル圏、一〇、三〇、一〇〇、一五〇、二〇〇キロメートル圏の人口の算定と緊急避難の困難さを実感する。SPEEDIのデータ利用とモニターの活用法に問題ありと判断する。放射能除去の困難さと避難者への情報提供の困難さも。当日は身近な人々から聞く「災害語り部」の大切さや「災害てんでんこ」と、場所や時代、災害の多様性から、的確な情報提供と認知の大切さ、異常気象が平常で、平常の方が異常という新しい常識などについて話し合う。

表7には、私（T君）の災害実体験を太字で示したが、五年に一回は災害を身近に体験している。気象庁によれば、M七で震度六以上の地震は三〇年間に二〇回以上と、毎年のように発生している。震度七は、震度七が制定された一九九五年の阪神・淡路大震災を一回目として、二回目が中越地震、三回目は東日本大震災、四回目と五回目は熊本地震、六回目が北海道胆振東部地震、七回目が令和六年能登半島地震と、四年に一回の割で発生している。建物が倒壊するほどの地震がこれほど発生することを考えれば、広域避難や、常時みなし仮設住居としての空き家活用を考えるべきである。特に、原発事故の場合、避難は長期になる可能性がある。

3　都市環境学を開く

二〇〇八年一月、早大の最終講義で『都市環境学へ』を教材として最初に示したのは、図9にある私自身の年譜である。専門教育を受ける前の学生時代から、大学教員として都市環境学を学び、教えた一九六〇年〜二〇〇五年の間に、数多くの共同研究をした。私の研究室の置かれている立場や学生の要望で、その時代の社会的要求に沿って、一九六〇年にはDグループとして建築設備の原単位研究、一九六五年にはCグループとして都市設備としての地域冷房研究、一九七〇年はBグループのリモートセンシング研究、一九七五年のAグループはスペースモデュール研究、一九八〇年のEグループは水と緑の研究、一九八五年のFグループは建築画像大系、一九九〇年のGグループは住宅画像大系、一九九五年のHグループは都市の科学的評価研究、二〇〇〇年のIグループは「この都市のまほろば」研究等々を手がけてきた。気づけば、『都市環境学へ』の出版はこうした一〇〇〇人もの学生たちとのゼミや卒論・修論・博論の成果の累積であった。

一九六五年に訪れたニューヨークでの世界博やヒートアイランド現象、オヘア空港の吸収式冷凍機による地域冷房、WTCなど超高層建物の冷却水負荷等が原体験となった。日本は急速な経済発展と日進月歩の時代、五年毎に全く新しい研究が要求され、この各グループでの累積研究の成果をもって、「都市環境学へ」の道を歩いていたことが表8の研究テーマリストからわかる。その時代の社会変化を示すと完全に連携している。五年毎、一〇年毎、二〇年毎の社会の大きな波や小さな波に乗りながらの研究活動であったことを再確認して、一九八〇年からの「都市環境学」を考えた。ライフスタイルとして五年毎、一〇年周期で一九六〇年から二〇二〇年、都市環境学の「かた」をつくった（図9）。

何故にそのとき、そんなテーマで研究を始めたのか。湯川秀樹の五年周期でテーマを変える発想に対して、一〇年周期でテーマを変えることで、研究室のD・C・B・A・E・F・G・H・Iグループを結成してきた。A〜Iまでの九段階は、黒部の幻の大滝に名づけられたA〜Iまでの九段滝と同じで、それぞれの滝が発見され、征服されるに要した努力と挑戦も偶然であった。

これからの変化を考えるにあたって、一〇年周期（図9）を五〇年周期にしてみる（図10）。地震・台風・気温・洪水・土砂崩れ、全て周期である。戦争や感染症もまた周期があるとすれば、こうした外部環境や社会環境の変化に対応するようなインフラをハード・ソフト面で創ることで、新しい都市環境を開くことになる。一九七〇年の大阪万博で挑戦し、大学助教授時代に描いた大きな波は、「日本の人口増加と減少に伴う都市のスプロールと縮減時代」のニーズとシーズ、インフラとスープラのあり方だった。建築設備の設計にあたっては、屋外の夜・昼・夏・冬等の外部環境の音・熱・光・空気・色・水等々の物理的条件や状態の計測、対策技術の研究が主であった。しかし、建築の累積する都市にあっては、社会環境の変化が全く新しいインフラの必要性を生む。社会環境の変化とは、例えば公害や地球温暖化、戦争や感染症等である。世界的に見ると、先進国と途上国のニーズは全く違っても、SDGs等、人間としての最低限の欲求を満足することにおいては同じである。

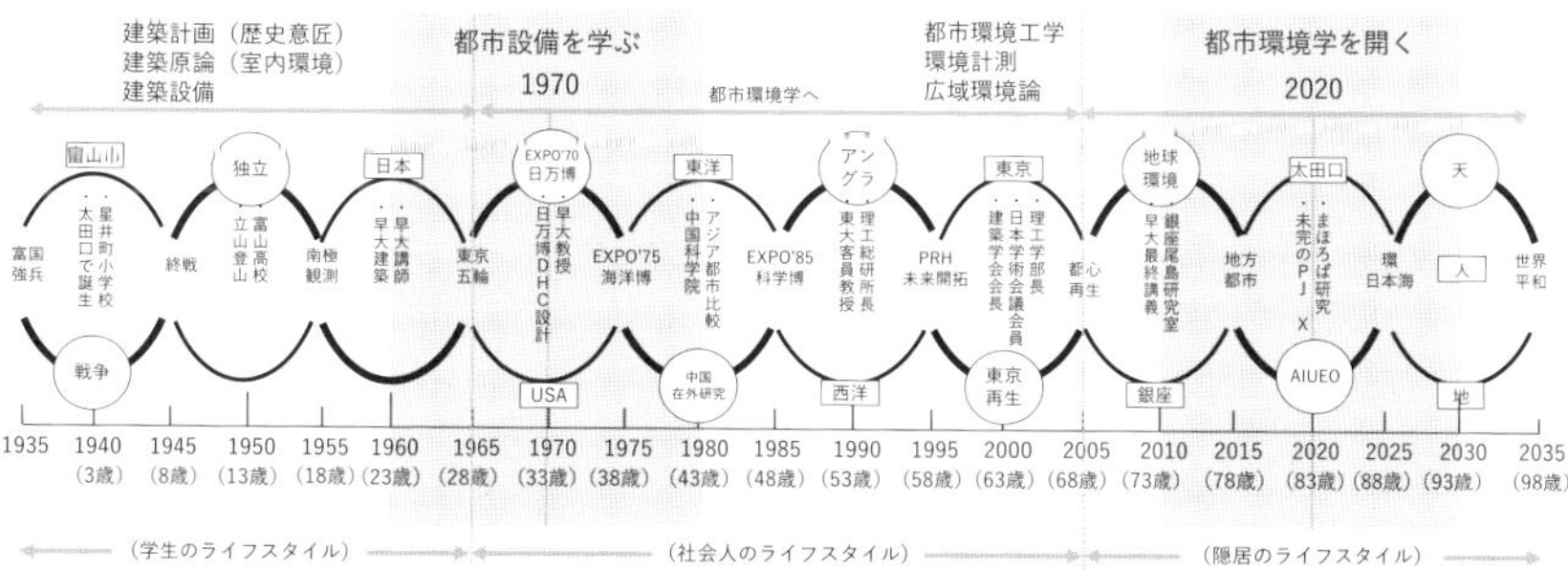

図9 私の年譜

マズローの「欲求の五段階」（4章図1参照）を横軸に、縦軸に満足度をとっている。低次の欲求として、SDGsでの最低限の満足が得られるような都市環境としてのインフラ施設は、これからの都市のインフラとしても必要不可欠である。問題は、これからの都市に要求される高次の欲求に対する満足度である（図10）。

多様な価値社会は、自然災害のみならず、人為的災害対策も考えねばならなくなった。地球温暖化に対する気候変動やプーチンのウクライナ侵攻、習近平の台湾有事、福島原発事故や新型コロナ・パンデミックによる都市封鎖等も、都市に対する外的環境対策と考える必要が生まれた。しかし、少なくともいま、あまりに多くの課題解決策を考えるよりも喫緊に求められているのは、都市環境の最大の課題である二〇三〇年目標のSDGsや国土強靭化に伴うBCD、さらには二〇五〇年のカーボンニュートラル宣言に対する対策である。

大阪・関西EXPO 2025の関心はメタやバーチャルが主流で、リアルな展示は少なく、話題性がなくなっている。建築や景観などのリアルな不動産価値を高めるインフラ投資等も、ESG投資対策として限定される時代と考えておく必要があろう。

改めて「都市環境学を開く」ため、これまでの年表をみると、世界や社会の変動と欲求こそが「対策と発明の母」であることがわかる（表8）。一九四五年の終戦から戦災復興にあたって私自身が建築家を志したように、一九五〇年の朝鮮戦争の勃発が自衛隊の発足、対日講和による日米安保条約につながり、そして一九五七年、国連に加盟できた。

一九六〇年の安保反対闘争時に早稲田大学を卒業して大学院へ進み、建築設備担当の井上宇市

図10　50年周期の環境変化

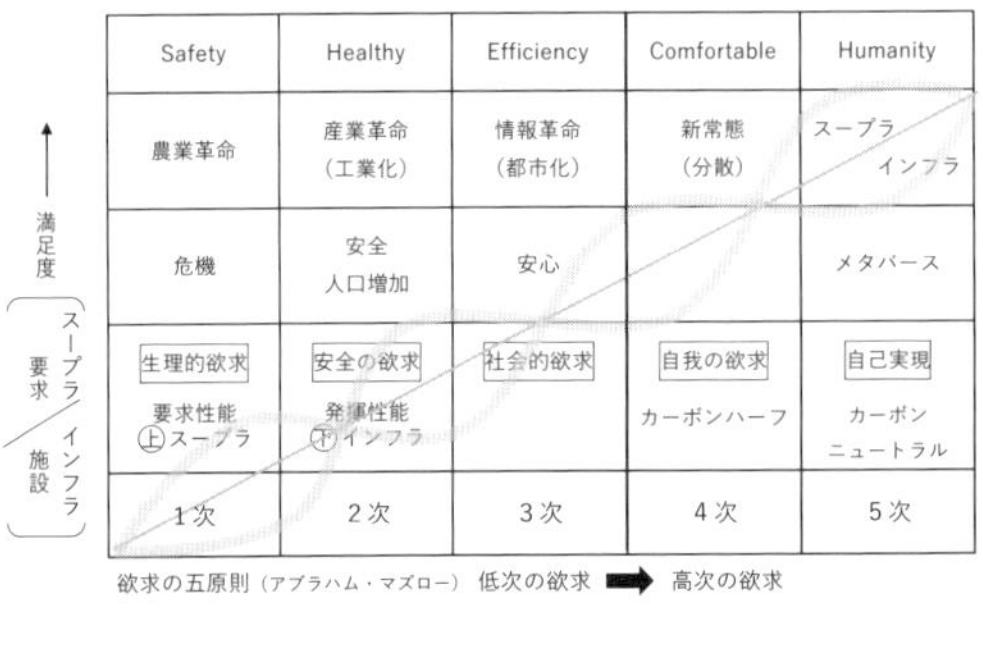

助教授の下で、一九六四年の東京オリンピックの代々木国立競技場の設計に参加した。

一九六五年に突然、専任講師になったのは、二部の廃止と教員の定員増加が背景にあった。同年、井上先生とニューヨーク世界博や超高層ビルの視察調査でヒートアイランドを体験したことが、そのまま一九七〇年の大阪万国博でお祭り広場の人工気候への冷熱供給とヒートアイランド対策としての地域冷房設計につながった。

シカゴのオヘア空港のガスによる吸収式冷凍機や住宅団地の地域冷暖房の視察が役立って、一九七三年、大学院生と一緒に『都市の設備計画』を出版。建築設備システムに連結する都市の供給処理についての法整備と同時に、住宅設備のユニット化やローマクラブの「成長の限界」についても研究する必要を感じた。

この頃、東大や京大に都市工学科や衛生工学科が新設され、早大でも都市計画専攻の大学院が新設された。その影響で、私も一九七四年の教授就任とともに都市環境工学専修を新設することになった。新しい専修は人気があり、優秀な学生が集まった。この頃、ＥＸＰＯ75の沖縄海洋博や成田空港、大都市でのニュータウンの建設や超高層建築を伴う都市開発で新しい都市インフラが必要とされたが、民間にはこうした分野の設計組織がないため、大学院の学生たちにとっては良いバイト場になる。そのうえ、学生運動で大学が休校とあって、私の新設した日本環境技研(株)への設計発注が多く、期せずしてベンチャービジネスをすることになった。

学部・大学院の授業は、三年生の「広域環境論」と四年生の「環境計測」、大学院では「都市環境論」全てを選択科目とする。建築設備や建築計画原論をベースに、全く新しい分野の模索と実際に直面したニュータウンや空港、都市再開発の現場からの要請に基づく研究や調査・報告を元にした授業は、実に楽しかった。次々と制定される都市計画や環境分野での法律や計測技術の発達は日進月歩で、海外の先進技術の実態調査や報告もまた、新鮮な刺激を学生たちに与えることになった。

同時に、日本の急速な経済発展は公害のみならず、将来への不安も生んだ。そんな状況下、一九七七年の日中友好建築調査団に参加しての中国視察は、大きな刺激になった。同じ頃、インドを旅した体験も刺激的で、近代化の進んでいない都市や生活環境の安心感にも何故か大きな関心が湧いてきた。一九七九年から一九八〇年の中国での生活体験から、『日本建築画像大系』や『新建築学大系・都市環境論』、ランドサット利用の『リモートセンシング都市』を出版する。

一九八〇年代は日中友好交流団の受け入れや、日本からの中国訪問団の交流に全力を尽くす。しかし一九八九年の天安門事件を機に、日中間の将来に危険性を実感。一九七〇年のＥＸＰＯ70の会場計画での体験は、大量消費大量生産という近代都市の典型で、それが中国のような大国や世界中の途上国に拡散した場合の地球環境問題を考えると本当に心配になる。一九九二年のリオの「地球環境サミット」で「東京バベルタワー」の模型を出展した直後に、一九九五年の阪神淡路大震災である。一九九六年に日本建築学会会長に就任し、一九九七年のＣＯＰ3「京都議定書」では建築学会を中心に、建築関係四団体が結束してこの問題に当たる。

一九九〇年代の経済バブル崩壊で沈静化した日本にあって、二〇〇〇年当初は異常気象で熱帯夜、真夏日、熱中症が急増し、二〇〇一年に環境省が「ヒートアイランドを熱大気汚染公害」と明言した。省庁連携して二〇〇一年から二〇〇三年の三年間に九兆七〇〇〇億円ものヒートアイランド対策費が支出され、二〇〇四年にはヒートアイランド対策大綱がつくられた。国交省住宅局からの知事宛「ヒートアイランド現象緩和のための建築設計ガイドライン」の通達で、日本中の地方自治体がこの問題に取り組むことになった。東京都は屋上緑化を義務付けるなど、①人工排熱の低減、②地表面被覆の改善（屋上・壁面緑化や道路の保水・透水性舗装）、③都市形態の改善（風の道や水の路）、④ライフスタイルの改善（クールビズ）、⑤観測・監視体制の強化等々を要望する。

二〇〇二年七月『ヒートアイランド』（東洋経済新報社）出版に続いて、教材としてOB中心に二〇〇三年五月『都市環境学』（森北出版）教材を出版。

二〇〇五年、建築研究所の足永靖信氏が、東京都のヒートマップをスーパーコンピューターで解析。科学的に風の道づくりのガイドブックを国交省で作成し、地方自治体に配布する。

二〇〇八年の定年退職時に『都市環境学へ』を出版。その後『都市環境学を開く』に向け研究活動。

二〇一一年の東日本大震災と福島原発事故に伴って、二〇一四年に国土強靭化法の施行で、BCDによるCGS（分散電源）の必要大として、早大東京安全研究所を設立。二〇一五年に『日本は世界のまほろば2』で原発立地周辺の視察報告。「縄文社会研究会」では一万年の原発廃棄物の放射能対策地を視察。

二〇二〇年には、国や地方自治体の二〇五〇年カーボンニュートラル宣言と国土強靭対策に加えて、COVID-19新型コロナ・パンデミックがアフターコロナのメガトレンド（①分散都市、②監視社会、⑨新常態、④職住融合、⑤三密回避）を生む。

これまでの一〇年も、これからの一〇年も、この図を見る限り、考える前に地球レベルでの課

社会	年	尾島の動向・活動	研究テーマ
盧溝橋事件(日中戦争始まる)	1937	富山市で誕生	
太平洋戦争終戦(広島・長崎原爆)	1945	黒部市に疎開(8月2日富山市全焼)	
朝鮮戦争始まる	1950	(富山市戦争復興始まる)	
	1960	早大一理建築学科卒業	
東西冷戦　ベルリンの壁建設	1961	早大大学院生	D 建築原単位
全国総合開発計画／キューバ危機	1962		
建築の高さ三一mから容積規制へ 新幹線／東京オリンピック	1963	建築学会委員会・原論と設備から環境工学へ 代々木国立競技場にて巨大ノズル設計	
	1964	早大理工専任講師	
ニューヨーク世界都市博	1965	ニューヨーク・シカゴ訪問	C 地域冷暖房
公害対策基本法	1967		
都市計画法／大気汚染防止法	1968		
	1969	早大理工学部助教授／JES日本環境技研設立	
日本万国博開催／東京都公害防止条例改正	1970	大阪万博基幹施設・地域冷房基本設計	B 環境計測
ローマクラブ「成長の限界」／ラムサール条約・環境庁設置	1971	成田空港インフラ計画	リモートセンシング
国連人間環境会議開催	1972	日本建築学会論文賞 任意団体日本地域冷暖房協会を設立し理事長就任	
石油危機／都市緑地法	1973	『都市の設備計画』出版	
国土利用計画法	1974	大学院で都市環境工学専修新設／早大教授就任	A スペースモデュール
沖縄海洋博	1975	『熱くなる都市』出版	
第一次国土利用計画策定	1976	『らいふめもりい』出版	
	1977	日中友好訪中団	
省エネルギー法	1979	中国科学院客員教授『中国の都市計画』	E 水と緑
ラムサール(ワシントン)条約発効	1980	『リモートセンシングシリーズ都市』出版	
新耐震基準	1981	中国浙江大学顧問教授	
	1982	『新建築学大系9(都市環境)』出版／「マンダラ東京」『建築文化』特集	
	1983	『日本のインフラストラクチャー』出版	F 建築画像大系
環境影響評価実施	1984	『建築の光熱水費』出版／銀座再開発協議会会長	
第二次国土利用計画作成	1985		
	1986	『東京大改造』出版	
オゾン層保護(モントリオール)議定書	1987		
気候変動に関する政府間パネル設置	1988	東大先端研客員教授	
ベルリンの壁崩壊(天安門事件)／土地基本法	1989	IFHP京都国際会議「東京のヒートアイランド」	G 住宅画像大系
	1990		
再生資源利用促進法	1991	『東京を開く　尾島俊雄の構想』出版 NHK「ヒートアイランド」TV番組出演	
地球環境サミット(アジェンダ21)／気候変動に関する国際連合枠組条約	1992	『異議あり！臨海副都心』出版	

表9 年譜

環境基本法／生物多様性に関する条約	1993	日本地域冷暖房協会社団法人化	
第一次環境基本計画／砂漠化防止条約	1994	東大生研客員教授／『地域冷暖房』出版	
阪神・淡路大震災／都市博中止	1995		H科学的評価
第三次国土利用計画策定	1996	日本建築学会会長就任	
地球温暖化防止京都会議開催COP3	1997	完全リサイクル住宅」設計(W・S・C構法)	
全国総合開発法	1998	「環境革命時代の建築」(日本建築学会アーキテクチュア・オブ・ザ・イヤー) 『東京の大深度地下(建築編)』出版	
ダイオキシン類対策特別措置法	1999	日本学術会議会員(第5部)	
アジェンダ2015MDGs／第二次環境基本計画策定	2000		Iこの都市のまほろば
大深度地下利用法 内閣府「ヒートアイランド現象の解消」閣議決定	2001	『地方都市再生の戦略』	
土壌汚染対策法／エネルギー対策基本法	2002	『ヒートアイランド』出版	
循環型社会形成推進基本計画策定	2003	『都市環境学』出版	
景観法／ヒートアイランド対策大綱	2004	日本学術会議(勧告)	
	2005	「風の道」国交省／『この都市のまほろば1』出版	未完のプロジェクトX
第三次環境基本計画策定	2006	社団法人「都市環境エネルギー協会」に名称変更	
	2007	大隈記念学術賞受賞	
環境モデル都市(洞爺湖サミット)	2008	『都市環境学へ』出版／早大名誉教授	
	2009	日本建築学会大賞受賞／(財)建築保全センター理事長・日本景観学会会長	
	2010	『日本は世界のまほろば1』出版	
東日本大震災	2011	『東日本大震災からの日本再生』出版	
	2012	『この都市のまほろば6』出版	
	2013	『この都市のまほろば7』出版【喜寿】	
国土強靱化基本法／ロシアのクリミア半島編入	2014	・早大東京安全研究所設立	
COP21パリ協定／2030年達成目標SDGs	2015	『日本は世界のまほろば2』出版	BCD(分散電源)
熊本地震	2016	瑞宝中綬章受章	
	2017	『日本の国富を見直す』出版	
ゼロエミッション宣言(東京都知事)	2019		
コロナ・パンデミック／カーボンニュートラル宣言(総理)	2020		
第二回東京オリンピック	2021		アフターコロナのメガトレンド①分散都市②監視社会③新常態ステイホーム、二地域居住④職住融合⑤三密回避
ロシア・ウクライナ侵攻	2022		
令和六年能登半島地震	2024	『都市環境学を開く』出版【米寿】	
大阪・関西万博EXPO2025	2025		
	2027	【卒寿】	
	2028	・大阪夢洲IR	
(SDGs達成・カーボンハーフ達成)	2030		
	2031	・カーボンハーフ達成	
	2050	・カーボンニュートラル達成	

題が降りかかってくる。これからの一〇年を予測する前に、これまでの一〇年の課題解決に追われての都市設備であり、都市環境学であった。都市設備を学ぶことになった一九七〇年代は、人々の低次の欲求から目指す都市設備への研究テーマは単純であった。しかし、社会が高次の欲求に至る二〇二〇年代は、多様性（ダイバーシティ）の時代にあって、全く新しい都市環境学を考える必要に至っている。

第一は、全国的な人口減少と高齢化した都市縮減時代の都市環境学も新しい分野と考えられよう。地球人口は、西暦前五〇〇年頃で一億人（日本列島には一〇〇万人）、産業革命初期の一八〇〇年頃で九億人（二〇〇〇万人）、一九〇〇年頃には一六億五〇〇〇万人（四〇〇〇万人）になり、二〇〇〇年で六〇億人（一億二〇〇〇万人）、二〇五〇年には九三億人（九五〇〇万人）になると推測される。世界的にみて、発展途上国を中心に人口が増加し続ける中で、日本は二〇一〇年を頂点に減少し、図10のように二〇五〇年には九五〇〇万人、二一〇〇年には四七〇〇万人と予測される。歴史上体験したことのない人口減少社会にあって、既に限界集落が生じ、地方都市消滅時代に突入している。スプロールする都市以上に、シュリンクする都市環境学は難解である。

第二は、日本は二〇世紀、第二次世界大戦の廃墟から二〇世紀末まで、ひたすら建築を造ることは善だと信じていた。少なくとも、私自身のこうした生活信条は二〇世紀末に崩れ、安全で安心できる建築の供給を不可欠として、ＢＩＭの普及によるライフサイクルマネージャー制度の設立を要望し、建築のＤＸとＢΣＳ（ビルの安全を判定するセンサーサービス）の普及に努めることになった。

第三は、近代建築は住むための機械であり、機械にはエネルギーが不可欠である。そのエネルギー源は薪炭から石炭、石油、LNG、再生可能電力、熱供給などへ転換し、カーボンフリーのエネルギーが要求された。

二〇五〇年を期して、都市のエネルギーインフラは再生可能な系統電力と非常時をバックアップするCGSによる分散電源でマイクログリッドを整備する。再生可能系統電力として日本各地に風力・ソーラー・地熱発電所等を設置し、そのコスト面では海外のグリーンH_2やNH_3、CCUSによる(CH_4)メタネーション利用を検討する。今日の都市ガスやLPGに代替するに要する海外からのグリーンエネルギーサプライチェーンの確保と、都市にあっては地域冷暖房の普及が本命で、(一社)DHC協会はその研究開発の拠点である。

第四に、日本は人口減少と高齢化時代にあって、ライフスタイルや価値観の転換が不可欠で、それを管理する産官学の協力体制、特にアジア諸国の近況を考慮した対策が大切である。

第五は、自然災害や原発事故に直面した日本は、今また二一世紀にはあり得ないと思っていたロシアのウクライナ侵攻や中国の台湾侵攻予測などに面している。幸い、ハンチントンの『文明の衝突』を読む限り、日本文明は五世紀以降であっても世界文明の一つと考えられているほどにユニークである。従って、米中の超大国の間にあっても、十分に独立した平和を維持することが可能であるという自信がある。日本の歴史は五世紀以降ではなく、DNA研究からは少なくとも一～二世紀以降、考古学的には一万三〇〇〇年以上、日本人と日本文化は平和に継承されてきたことが最近、明らかになってきた。日本列島は、一万年は安全・安心できる国であったと考える時、原発の使用済み核燃料の処理処分場としても十分に対処できるはずだ。

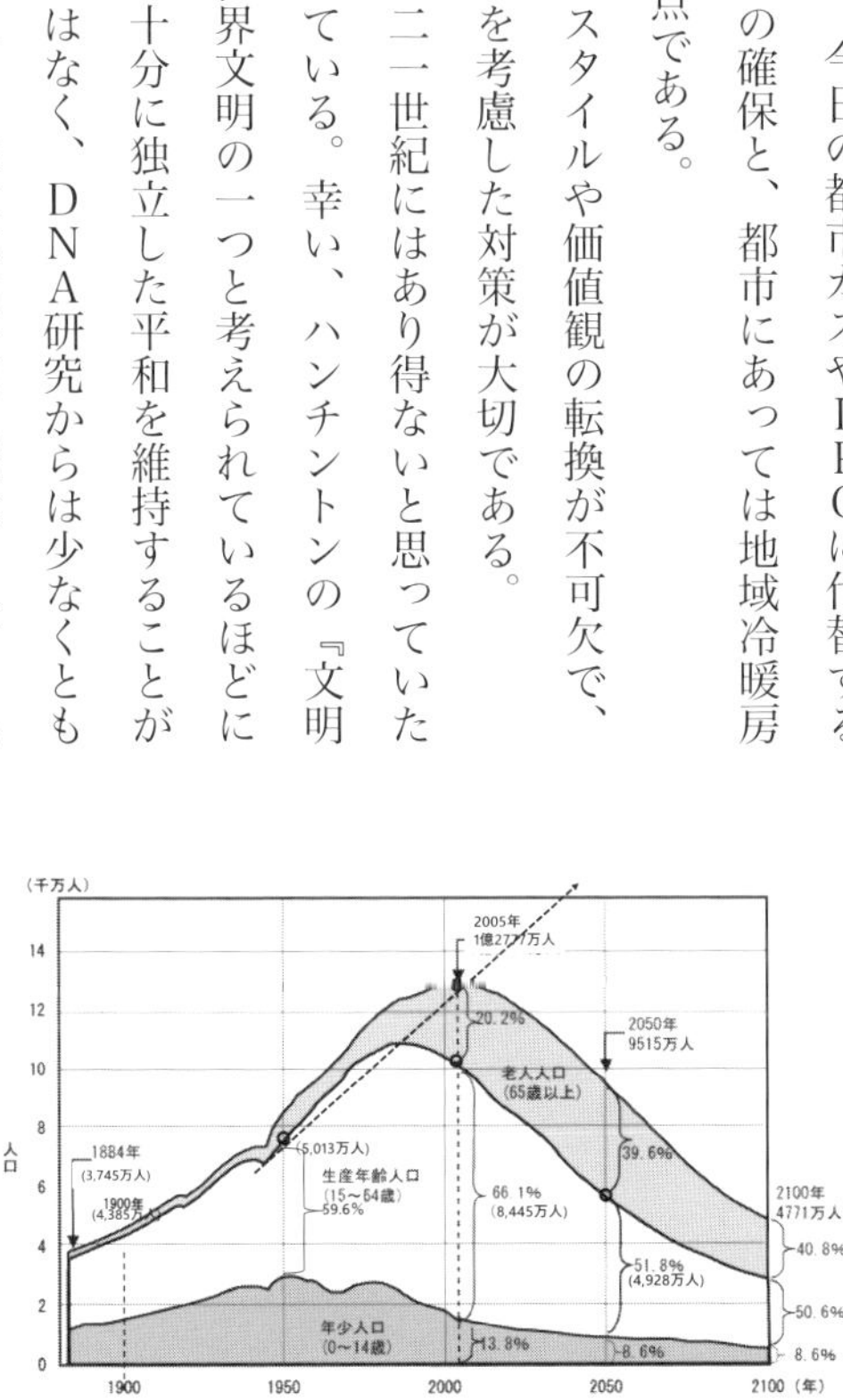

図11 日本の総人口推移（一八八四～二一〇〇年。平成一八年度国立社会保障・人口問題研究所「出生・死亡中位推計」より作成）

第六は、「進歩の時代」から『レジリエンスの時代』と称して、再野生化する地球で人類が生き抜くための大転換が必要とするジェレミー・リフキン説である。都市環境学の必要性が高まったのは「化石燃料の多消費」が最大の原因で、農業革命から産業革命を経て、人口が都市に集中したことからであってみれば、都市自体が解体されれば都市環境学も不要になる。地球レベルでの人口対策同様、都市レベルでの「レジリエンス」について考えることも「都市環境学を開く」ことになろう。

Appendix

現代の名匠 尾島俊雄――聞き手 鈴木博之

鈴木博之（すずき・ひろゆき、一九四五～二〇一四）建築史家。東京大学名誉教授

都市環境学のはじまり

鈴木 今までアーキテクト、計画学、歴史などいろいろな分野の先生にお話を伺ってきましたが、エンジニアリング、技術的側面を備えられている先生へお話を伺うのは、初めてだと思います。先生の前に、建築の中で環境学とか環境工学ということをおっしゃっていた先生はいらっしゃったのでしょうか。

尾島 私は、早稲田で計画原論の木村幸一郎先生（一八九六～一九七一）、建築設備の井上宇市先生（一九一八～二〇〇九）の研究室に入りまして、一九六四年の大学院博士課程の頃、東大では吉武泰水先生（一九一六～二〇〇三）と小木曽定彰先生（一九一三～一九八一）が渡辺要先生（一九〇二～一九七一）のお弟子さんでした。そこで、渡辺先生を中心に、建築学会で環境工学という言葉がつくられたのです。

鈴木 ただ、その時代は計画原論と言っていましたよね？

尾島 どちらかというと計画と設備と原論分野が一緒になって、吉武先生は計画学を、小木曽先生と斎藤平蔵先生（一九一九～二〇〇五）が設備と原論を一緒にして環境工学としたのです。東大と建築学会が環境工学をつくったのだと思います。そして学会では計画委員会と環境工学委員会を完全に二つに分けたので、怒り心頭に発していました。

鈴木 なぜ？

尾島　計画学と環境工学を分けるなんておかしい、計画はテーマばかりで「学」がない、環境は「学」だけでテーマがないと思っていたからです。本来、計画原論とは建築のあるべき姿が何かという哲学的な本質論をテーマに発掘して、それを「学」で裏付けする。それなのに「学」とテーマを分けてしまった。建築を抜きにした環境論とは一体何なのか、建築という「主体」あっての「環境」であって、主体なき環境はおかしいじゃないかと。その後、一九六五年に東大に都市工学科ができて、さらに「建築学」が細分化されました。その年に早稲田のドクターを卒業して、専任講師になりましたが、計画原論は木村建一先生（一九三三〜）、建築設備は井上先生がいらっしゃったので、私は余計な人間だったのです。専任講師になったけれども、幸か不幸か、私には「学」もテーマもなく、建築以外のことをやりなさい、ということで建築学科では図法と設計製図を担当しながら機械学科の講師をしていました。そういういきさつで、自分勝手にやりなさい、と放り出されたのです。

鈴木　設備と原論の先生がおられて、尾島先生が専任になってそれ以外の分野を開拓していったということですね。

尾島　建築の専門の分野に入ってしまいますと、厳しい仕分けがありますね。建築の外の都市計画にも都市計画原論と都市設備が必要と考え、それをあわせて、都市環境工学と勝手に自分でつくってしまったのです。まだ都市計画でそういうことをやる人がいなかった、その時にたまたま大阪万博の仕事がありました。そして、成田空港です。空港ターミナルではなく、管制塔からの視界の問題、飛行機の離発着の場所、地域のエネルギー計画などを渡辺要先生が委員長で、国際空港の広域環境はどうあるべきかを世界中の空港を見て歩いて計画しました。

鈴木　そういった細部のことは知りませんでした。先生は計画原論と建築設備の勉強をされていて、それを融合して建築環境学をつくられて、少しずつ広げられたのかと思っていました。

尾島　マーケットが先でした。東大の都市工学の高山英華先生（一九一〇～一九九九）が千里ニュータウンを手がけられていて、大阪ガスのコンピューターセンターの建物に地域冷暖房の計画をし、その千里が終わったら、次は多摩ニュータウン、筑波学園都市…など都市のレベルで計画が次々と舞い込んできたのです。広域の設備や環境計画をやる人が全くいなかったのです。ちょうど、大学紛争の時代だったし、この間も私たち同志は「学」が衰えると日本にとって不幸なことになると思っていて、学生たちとマンションの一室を借りて頼まれた設計をしていました。都市環境の大切さを実感していましたので、せっせと世界中を見て歩いて勉強していたのです。空港の現場に行くと、成田空港反対運動の学生たちとすれ違うわけです。最先端の技術を輸入することを一生懸命説明しているときに、蹴落とされたりもしました。

鈴木　まさに高度経済成長期の中で、広域の計画をやられていたのですね。

尾島　専門家がいなかったので、やらざるをえなかった。一九七五年の沖縄の海洋博は、高山先生に全体の環境計画を依頼されました。沖縄の赤い土が流れ込む話から、沖縄全土の電力ネットワークの話、水の話、エコロジーや植生の話まで一気に任されて、いろんな人を集めました。

鈴木　東大にはそういった先生や研究者、若い方はいなかったのですか。

尾島　いや、東大紛争の時で東大から安孫子義彦君などは手伝ってくれました。東大内部の先生は、専門分野がかっちりしていましたから、そのジャンルで仕事は目一杯。そういう意味では、吉武先生の筑波のお手伝いを始めとして、私は東大の多くの先生のお手伝いをしていたと思います。逆に早稲田には仕事をくれる先生がいなかった。

鈴木　早稲田としては、若い尾島先生を講師にして先行投資をしたのでしょう。

建築のなかでの居心地

鈴木　先生は富山のご出身でしたね。建築を志したときから、環境のことに興味がおありだったのですか。

尾島　環境への興味はものすごくありました。富山は暑くて寒いところだし、雪は多くて大変だし、当時は戦災で富山市は丸裸です。ですから、なんとかまちおこしをしなければいけない、限られたお金と素材で、気候風土を考えて何かをやらなければいけない、そう考えていました。

鈴木　育った環境の過酷さを、どのように調和させていくかということですか。

尾島　明るい国の出身者は明るい絵、鮮やかな色使いのスケッチを描きますよね。そういう方を見ると、ああ違う人種だと。私は貧しく清く限られた素材で、最初からエコでなければいけない。ですから、きらびやかなデザインや、妙な形をつくる人たちに対しては人種が違うなと思っていました（笑）。

鈴木　でも、そういったきらびやかなデザインや、妙な形をつくる方を支えて、技術として成立するように設備的なバックアップをなさっていたのですよね。

尾島　原論に対してはね。建築のあるべき姿については、すごく関心があったし、様式建築にもすごく興味がありました。

鈴木　そうですか。

尾島　以前に、鈴木先生に日本学術会議の立場から日本の建築を様式化して下さい、と頼みましたね、お願いしますよ（笑）。二〇世紀の近代建築の混乱が苦々しく思えて、ましてこんなにエネルギー多消費になってしまっていますから。

鈴木　例えば、建築と土木を比較すると、土木はシステム的で集団工学だと言っていた先生がいるのですが、それに対して建築というのは、わりと個人主義的で、土木とは、まったく別の人種の仕事ではないかという表現されることがありますね。先生のお立場としては、もともと都市的なスケールや広域的な環境を考えれば、システマティックであり、全体性を持たなければならない。建築の中で居心地の悪さみたいなものを感じたことはありますか。あるいは、そういう中で仕事をされるコツはありますか。

尾島　早稲田では、優越感に浸って、蝶ネクタイにT定規をぶらさげてかっこつけている建築の学生がたくさんいました。だけど、そういう人には太刀打ちできないと思って（笑）。私はもっと現実的に田舎の家や学校などをつくらなければいけないという意識が強かったです。豊かな人たちが、豊かな環境のなかで、エンジョイする文化として、憧憬はしましたけれど。

鈴木　先生は「学」を持っており、建築家とは違うと。

尾島　いや、私も自分では建築家だと思っています。いつでも、ちゃんとした建築をつくらなくては、と思っていました。ただ、大学の建築学科にいた多くの人たちは、本当に建築家なのだろうか…と思ったことがありましたし、そういう意味では、なじまなかったですね。ただ、様式建築をつくっていくことに対しての憧れはありました。

鈴木　建築という文化はデザイナー、学者、構造、設備、環境などさまざまな要素があり非常に複合的ですね。エンジニア的な先生方には親近感を持っていらっしゃった？

尾島　内藤多仲先生（一八八六～一九七〇）には、憧れを持っていました。井上先生も飛行機や船の設計をされていて、そういう姿に感動しましたね。動いているもののデザインは、さらにインテグレートされた美しさがありますから。工学と美学が一緒になる、それがアーキテクトだと思っていましたので、総合的なアーキテクトに対する憧れや尊敬はありました。

鈴木　ベースがデザインであれ、構造、設備であれ、理論とデザインが融合する形できちんとされている方には、尊敬を抱くし、親近感を持っていたということですね。

尾島　極めようという人は、それぞれの世界にいますから。

先端的な技術と自然との共存

鈴木　そういう中で、先生の中で先達はいらっしゃいますか。

尾島　沖縄の海洋博ぐらいまでは、高山先生、丹下健三さん、磯崎新さんは、その時代のナショナルプロジェクトの先頭を走っていました。そういう方々のお手伝いをしていましたので、やはりすごいなと思っていたし、尊敬していました。ただ、その後は、どんどん開発が進んで、巨大な組織力になってきましたね。それに対しては、心配していました。バブルのような都市が出てきて、結果、エネルギー多消費型社会になっていく。これはえらい都市、えらい建築ができていくな、と思っていました。それで私は、一九七九年に中国へ半年程行きました。

鈴木　文化大革命直後ですか。

尾島　最初に一九七六年、吉阪隆正先生（一九一七～一九八〇）の代理で中国の視察に行ったのです。

ものすごく貧しい時代でしたけど、人々はものすごくしっかりしていました。考え方やまちそのものも自立していましたし、エネルギーを使わない、今で言うとゼロエミッション社会です。みんな自転車で、サステナブル。同じ頃、インドにも行って、多分二五〇〇年前から同じ世界が続いているのだろうという印象を持ちました。インドや中国の当時の姿から見て一〇〇年経っても一〇〇〇年経ってもサステナブルで同じ世界が続いていくだろうと思ったのです。

一方で東京、あるいは日本の都市は、このままの近代建築を普及させ、高度経済成長の車社会とスプロールし続ける都市は大変だなと考えていた頃、中国科学院の交換教授の話があったのです。茅誠司先生（一八九八～一九八八、物理学者）が東大の総長だった時代です。日本から誰か行って下さいという話でしたが、誰も行かない。

鈴木　茅陽一先生（一九三四～）のお父さん、総長だったのですね。

尾島　そう。それで、「行きます」と言ったのです。そしたら、すぐに中国科学院から招待状がきました。中国科学院の交換教授は、私が日本からの第一号だったのです。

鈴木　文化大革命は終わっていたけれど、鄧小平による改革解放はまだ始まってなかった時代ですね。

尾島　私の講義を聴講するために中国全省から先生方が集められたこともあり、それぞれの出身大学や省の地場で学者と議論しました。そうすると、やっぱり一つひとつ都市がサステナブルであるための考え方や方法で苦労している。エネルギーを使わないで、夏や冬を過ごし、自然と共生する知恵ってありますね。食料を自給し、移動は自転車、雇用機会をつくるために先生と生徒の数を同じにする、その中でも、風の道をつくるための緑化は進んでいました。文化大革命の結果生まれた環境と都市は、自然の風や太陽をとても大事にしていた。文明のすばらしさとともに生活文化の持つ価値ってありますね。そういう自然と人工のインフラストラクチャーのつなぎあわせがすごく大事だと感じたのです。先端的な技術と自然との共存の知恵です。

鈴木　エネルギーのない中で、工夫しながら生きていこうというのは、文化大革命のイデオロギーが生きていたのでしょうか。

尾島　そう、残っていたのですね。だから、私はそれを学ぼうとした。私自身も、田舎の都市をきちんとつくるとか、個人的なことも含めて、建築の将来について学んでおかなければならないことがたくさんあったのです。そして、多くの学生たちにそのままアメリカ的な近代技術をただ教えればよいのか。このままいくと、どこかでつながらなくなってしまう。

中国やインドを見たときに、こういう生活なら一〇〇〇年でも二〇〇〇年でも続くのではないかと思ったのです。

鈴木　逆に中国もインドもそのあと、急旋回をしてしまって、近代化路線に走り始めました。そういう変化の種を先生ご自身が蒔きに行かれたとも見えますが、その辺りについてはどうお考えですか。

尾島　それは、ずっと警告しっぱなしです。今も毎年中国に行ってOB研究者たちだけの国際会議をやっています。最近は孫弟子のほうが増えてきましたけど、二～三泊の合宿をして、お互いにあるべき状況を話し合って、その研究成果を出版しています。今やらなければいけないことをしているつもりです。

鈴木　日本においても高度経済成長を担われて、その後であれは誤りだった…。

尾島　そういう見方もあるけれど。一九七五年の沖縄の海洋博は、最初からエコロジーを前面に出していましたが、一九七〇年の大阪万博は、集約化のメリットを求め巨大プラントを導入して、巨大なネットワークを設計しました。五年後の沖縄ではそれではだめだということで、クラスター化してコンパクトな計画にしました。大阪万博の時の反省があったし、沖縄の反省もあり、そのつど、次のあるべき姿を検討する。技術というのは、やってみないとわからないというところがあります。

鈴木　ただそれを無批判に続けてもいけない。

尾島　よいものは残したいけれど、消えるべきものは消えてほしい。残すべきものと消えるものをきちんと識別し、その上でつくるものをはっきりさせる。

鈴木　先生は、以前から都市の中での「風の道」ということをおっしゃっていて、超高層化されていく都市の中にも全体を見た「風の道」のようなものをつくっていかないとだめだし、それをつくることによって都市環境も自然の中で、クールにもなるし、快適さが増すということをおっしゃっていますね。

尾島　やっぱり体験です。ちょうどオリンピックの頃に、東京の外堀に高架道路を架けましたね。あの頃大学院の学生か、専任講師でしたが、当時は、手塚治虫の世界で空中を車が走っているような、ああいうのはいいんじゃないですか、と賛成していました。まさか、空中をダンプが走るとは思わなかった。

中国に行ったときも江戸橋のランプ辺りのスライドを見せながら、わが国はこうです、と得意になっていたのです。ですから、そういう面ではおっしゃる通り反省し続けています。ヒートアイランド対策としての「風の道」や「緑の道」は「水の道」という中国の当時の教科書を読んでいて、つくづく両立は難しいことを学んでいます。

中庸の美

鈴木　技術や文明を全否定という立場、一方では技術をもっと進めれば環境は克服できる余地があるという二つの立場がありますね。先生は、ちょうどその中間にバランスを見ようとしている。

尾島　まったくその通りです。建築や都市というのは、先端であると同時に末端です。ぼくは、建築界ほど先端的な技術と末端的な技能が共存している分野はないと思っています。日常生活、だからこそ文化になる。そこらへんの加減で、先端技術が進んでいくのはよいけれど、普及との兼ね合いで建築のレベルから都市のレベルに変わっていきます。使い勝手もあれば、使う立場の教育や慣習、なじみが追随するには時間がかかる、タイムラグがあり、バランスを間違えると混乱が起こる。

鈴木 近代化はいったんスイッチが入ってしまうと戻れないし止められない。先生がおっしゃるようなバランスを保てないのが近代化なんじゃないかという説もありますが、先生はその辺りは楽観的ですか。

尾島 楽観的じゃなくて、だからこそ教育が必要です。社会的なリーダーが必要で、ぼくたち教育者の大きな役割なんじゃないかな。学生たちにどう説明をしていくか。

鈴木 先生はその先端だけでもだめだし、近代が悪だという立場でもない。

尾島 ぜんぜんないですね。

鈴木 その間に続く道があるだろうと。

尾島 願わくば、時代時代のスタイルが欲しいと思っています。なぜならば、スタイルこそ、景観になり、地域の文化になり、何よりも安心できる。人々にとって安心感のある、今一番それが必要な気がしています。

鈴木 先生は、文明や技術に批判的であるわけでもないし、それだけに命をかけているわけでもない。複雑ですね。

尾島 最先端のものを追いかけなければいけないし、でも追いすぎるとおかしなバランスになる。そういう意味でやっぱり建築と都市は違うのではないかな。

鈴木　あえて矛盾するような要素を持っているということですかね。

尾島　それになじませる、ということが安心感につながります。居住環境も、超高層も大事だし、戸建ても大事。超高層に住みたい人は超高層に住む、戸建てに住みたい人は戸建てに住む。

鈴木　そういう、多様な選択が可能なようにすることが必要だと思うし、しかも人間は変わりやすい。だから、可能性に満ちた空間をつくることが大事だと思います。

尾島　最近、環境というと、生物多様性も大事だと言っていますが…そういうものですか。

鈴木　多様ならいいってもんじゃないこともある。

だけど、コントロールを始めたら、介入し過ぎということになりますね。そこらへんがいつもよくわからないのです。よきバランスを考えたとたんに、人間にとって都合のいいイメージができてしまって、人間が自然に対しても社会に対しても口出しをするというのは、よかれと思うほど余計なお世話だということもあります。けれども放っておいてもいいわけではない。

尾島　おせっかいと面倒見ってことかな。おせっかいはしないけど、面倒見はしないといけない。だから、中庸の世界があるのではないでしょうか。やり過ぎるなと。建築文化というのは、中庸の美が必要なのではないでしょうか。常識って意外と難しいですから。

都市の年寄り

鈴木　ところで、先生はなぜ銀座の並木通りに事務所を構えていらっしゃるのですか。

尾島　富山にもありますし、練馬の自宅や八ヶ岳の山小屋、何ヵ所かに活動拠点を持っています。それは、あくまでもその地域を学ぶためであり、銀座でなければならないこともあります。

鈴木　銀座だけでやっているわけじゃなくて、銀座はそのひとつなのですね。

尾島　ぼくのためというよりも、みんなが集まりやすい拠点としての銀座は情報も集まりやすい。もうひとつ、商業文化としては世界最先端の場所だと思うのです。銀座界隈ではいろんなプロジェクトが毎日行われ、一九八〇年代から銀座のまちづくりの会長を一五年もやってきました。このまちには、銀座らしくなければならないという使命感があるのです。シャンゼリゼには住宅がありますが、丸の内や銀座にはないですね。九〇年代に屋上に容積一〇〇%の住宅を緩和するという中央区の条例までつくりました。その直後に、高さ制限を三一メートルから五六メートルに上げ、容積を緩和した。高さだけ上げておいて、インフラをつくらない状態なので、まちをもう一度見直さなければならない。都市の環境はこうあるべきだとか、低炭素型都市をめざさなければいけないし、そのために食住近接して、平準化によりインフラをつくりやすくする。こういったことを提案する役割はこれからもあるだろうと考えています。これから一〇〇年、銀座のまちをどうしようかと考える時、本来の都市計画原論、都市のインフラ計画として人工や自然の環境を考えて、こうあるべきだということをもっともっと議論して良いと思います。高さだけ決めて、あとは知らないでは済まない。交通インフラからエネルギーインフラ、居住環境などをどう考えるかということを、おせっかいではなく面倒を見たいと考えていますが、そういうことを発注してくれる人がいませんね。

鈴木　本来は、パブリックなり、区なりがきちんと条例化すべきですよね。それが平等な競争になるわけだし、そこをやるのが、パブリックという精神だろうと思うのですが。

尾島　なかなかそこまではいかない。議論する前に、もっともっとお金が必要だという話で終わってしまって、そこまでたどりつかないのです。私みたいに、現職を終わった年金生活者がそういうことを提案するということは、それはそれで意味があるかもしれない。リタイアした優秀な人たちがいっぱいいます。そういう方たちに集まってもらって、仕事にしていくということもありますね。これからの社会は「知恵の文化」だと思うからです。アジアの中で生き残るためにも、これからの日本を支えるためにも必要なことだと思います。

鈴木　まだ日本の社会は先行きがある？

尾島　ものすごいテーマがあると思っています。

七〇や八〇代の方々は膨大な頭脳の蓄積、体験の蓄積を持っています。日本はそれを生かさない手はないです。日本の大きな資源は人材の持つ潜在的な能力だと思うし、それを生かすマーケットをもっと開いてもらうこと。特に都市の文化や地方の再生には、人材を活用すること。地域社会を広げて、その中で豊かさをつくっていくことによってのみ、日本は国際的な観光立国になる可能性が生まれます。

鈴木　昔は、天下国家といったら天下は全体で、国家がお国、藩のことでした。そのほうがむしろ田舎意識じゃなくインターナショナルでコスモポリタンな意識があったと思うのです。それが一極集中になってしまって、なんとかしないといけないのでしょうね。

尾島　そういうライフスタイルであり、建築様式をもう一度つくる。地方主権という考え方や意識を、もう少し考えてもらって…鈴木先生にね（笑）。

鈴木　近代化が恐ろしいのは、西洋から近代化が始まったわけだけれど、今までの帝国の興亡というのは、先生がおっしゃる環境、地球全体へかかる負荷というのは無視できるくらい小さかったわけです。ただ、近代化のスイッチが、今、中国とインドに入ってしまった。地球の環境的のキャパシティがパンクするのは時間の問題なのではないでしょうか。

尾島　いや、だからこそアジアに位置する日本が頑張らなくちゃいけないのです。20世紀の日本の歴史を無駄にしないかたちで。

鈴木　三〇年前にローマクラブが「成長の限界」といった時に、第三世界はいろいろ言いましたね。それが、未だCOPに続いている。先進国であるドイツや日本が頑張るのは当たり前だけど、他のひとたちに「明日はわが身」と言っても、「今日はわが身ではないから」って言われてしまう。

尾島　そういう意味でも、日本の年寄りの役割ってたくさんあると思っているのです。

鈴木　うむ。都市の年寄りですか。先生はずっと現役で、終わりなき戦いを続けていらっしゃる。

尾島　現役とOBと何がちがうのかわからない。これまでも、あまり社会の属性によって自分の生き方を左右されることはなかったからです。大学にいながらも、外の仕事をずいぶんやっていましたから。鈴木先生、早く日本の建築を様式化しないと。あまりにも今、日本の都市がひどい。日本は国内でもやらなければいけないことがたくさんあるのです。

鈴木　なんだか今日はハッパをかけられて終わってしまいました。どうもありがとうございました。

早稲田の環境——鈴木博之

建築の世界で勉強をはじめて以来、早稲田大学の建築学科の先生がたには、いろいろなかたちで付き合わせていただき、お世話になってきた。わたくしも彼も、ふたりとも風来坊だった頃からの付き合いである石山修武先生、建築史の仲間でありアンコール遺跡群の修復に携わっておられ、その縁でわたくしもそこに参加させていただいた時期のある中川武先生、学会でお世話になった嘉納成男先生や佐藤滋先生、デザインの分野でお教えいただくことの多い入江正之先生や古谷誠章先生などなど、きりがない。

しかしながらその奥に、いつも尾島先生がおられたように思う。建築環境工学の先生であることは無論だが、早稲田のイデオローグという存在感があった。実はわたくしの中学・高校の同級生で早稲田の建築に進学し、環境工学を専門にした人物に稲沼實という男がいて、彼から尾島先生の話を聞いていたこともある。

尾島先生の存在は、それまで建築設備と建築学原論から成り立っていた分野を、都市的なスケールをもつ建築環境工学へと進展させたイメージが強い。今回、改めてお話を伺ってみると「そうではない」ということになったが、これはあまり信用しないほうがよいのではないか。東大系の建築学原論の展開と並行しながら、尾島先生が拡張した研究分野は、無視できないものがあるはずである。先生による否定は、自己謙遜を割り引いて考えなければならないだろう。

ここで伺った話はどれも新鮮で、同時に、現在形の物語だった。これまでの経歴や業績はどれも圧倒的な軌跡を示すものであるけれど、そうした歴史は常に現在の可能性や課題に結び付いてゆく。高度経済成長期の技術を支え、いまは持続可能なサステナブルでエコロジカルな環境を唱える。「これって何か変」、というような気持ちにもなるのだが、尾島先生の情熱に変化はなかった。銀座に事務所を構える姿勢はどこからくるものか、という疑問にも、明快な答えが返ってきた。

現在を生きる、未来を見据え続ける。これがエンジニアリングの思想なのかもしれない。その意味で尾島先生は、エンジニアリングの世界に立脚するイデオローグである。エンジニアリングには回想録など似合わないのかもしれない。社会もまた、そうしたエンジニアリングの哲学に未来を託す。

尾島俊雄というエンジニアリングの哲学者は、建築保全センターの理事長も兼職する現役の研究者である。時代はまだまだ尾島先生を必要としているのである。

［初出］鈴木 博之著『現代の名匠』建築画報社、二〇一四年、一五九〜一七一頁

私の駆け出し時代・挑戦を重ね大阪万博で新領域――尾島俊雄氏――聞き手　守山久子

一九七〇年代に都市環境工学の分野を切り開いた尾島俊雄・早稲田大学名誉教授。修士時代から設計事務所を構えて実務に携わり、博士課程時には師・井上宇市氏の下、国立代々木競技場の設備計画を担当。一九七〇年の大阪万博で日本初の本格的な地域冷房を導入し、その分野の先駆者となった。

守山久子（もりやま・ひさこ）ライター。建設会社、日経BP社日経アーキテクチュア、日経デザインなどの編集部を経て独立

若き日の葛藤編――博士課程で代々木競技場と格闘

大学を卒業したら、いずれ実家の富山市に戻って設計事務所を開こうと考えていました。そのためには構造や設備を知っておく必要があるので、まずは勉強しておこう。そんな気持ちから、卒業論文でたまたま専攻したのが設備です。大成建設から早稲田大学に迎えられた井上宇市（当時助教授）が博士論文を書いていて、そのお手伝いをしました。

その後進んだ修士課程では、井上研究室に所属しながら同期の阿部勤（アルテック代表）や相田武文（芝浦工業大学名誉教授）らとACO建築事務所を立ち上げて設計のアルバイトを始めました。当時は、大学四年生にもなるとアルバイトで住宅くらいは設計していたのです。

尾島氏は、修士時代から幅広く設計の実務に携わった。井上助教授の手伝いで今井兼次の日本二十六聖人記念館（一九六二年）のトイレの給排水設計や、吉阪隆正の江津市役所（六二年、

島根県）の空調設計などを担当。父が務めていた内外薬品商会の仕事では、富山県内の工場や東京・市ヶ谷の支社ビルの実施設計を手掛けた。

実務を通してひと通り設計ができるようになり、自信もつきました。修士修了後はゼネコンへの就職を考えましたが、修士二年のゴールデンウィークに進路を相談するため帰省した際、立山でスキーをして骨折してしまった。半年間ほとんど動けず、結局就職試験を受けられませんでした。研究室からも「修士のうち1人くらいは博士課程に進め」と言われ、やむを得ず研究室に残ったのです。

■削られた空調費

博士課程の一年目に、井上先生が担当することになったのが、「国立代々木競技場（国立屋内総合競技場）の設備設計です。丹下（健三・当時東京大学教授）、構造の坪井（善勝・当時東京大学生産技術研究所教授）、設備の井上という三人が組みました。

ところが基本設計が終わった六三年春に施工費を減らすことになり、空調予算がなくなってしまいます。東京五輪は一〇月の開催とはいえ、一万五〇〇〇人を収容する屋内体育館は暑くなるから冷房は不可欠。そこでノズルを用いて換気の風を吹き出せばいいじゃないかと提案したところ、安上がりだということで採用になりました。

巨大ノズルの存在自体は、前川國男建築設計事務所の新雅夫さんが担当した上野の東京文化会館（六一年）に採用されていたのを知っていました。代々木では鉄筋コンクリートの駆体の隙間をチャンバーとして利用し、そこから空気を吹き出しました。建築の形態を生かしながら、直径一・二メートルの大型ノズルを一六個配置する計画としました。ポイントになったのは慣性の利用です。通常、例えばノズルから毎秒五メートルの風速で吹き出すと室内の末端では毎秒〇・五メートルくらいに減速します。ところが空間の片側から風を吹き出していくと、慣性によって風が速く回るようになる。たらいの中の水を回していくと慣性で水が回り続けるのと同じ原理ですね。しかも風は小さなエネルギーで隅々まで行き渡り、一次噴流中で生じるような空気の温度差はあまり出ません。では実際に空気がうまく回るようにするには、どのように風量や向きを調節すればよいか。ノズル直径に対して五〇〜六〇倍の範囲内に関してはいろいろな実験結果が出ていますが、その先の領域は建物の形に影響されるためだれも実験していません。

そこで私が陣頭指揮をとって五〇分の一模型をつくり、実験を重ねました。当時、ロシアのバツーリンという人が工場換気の模型実験に関する本を書いていたので、そのドイツ語訳をさらに日本語に訳して実験に臨みました。実験の精度を高めるため、最新の設計変更を反映させながらインテリアをつくり込んでいきました。

■五輪中も競技場内で過ごす

当時は一年以上、風の流ればかり考えていました。お風呂に行くと、たらいの中のお湯を回して動きを観察しました。そうしているうちに、毎秒〇・一メートルや〇・三メートルの違いが感覚で判別できるようになってきます。風の職人という感じでした。

ノズルの実測はオリンピックが始まるギリギリまで行い、期間中もずっと天井裏のキャットウォークで過ごしました。飛び込みや卓球など風に敏感な競技もありますが、結果的に模型と実際の動きはほとんどぴったり合い、井上先生も驚いていました。

空調の技術者としては、計算できない領域である慣性の領域に踏み込み、模型実験だけに基づき成り行き任せにするという方法は外道です。責任者である井上先生は心配だったでしょう。責任の軽かった私は、井上先生の擁護の下で思い切ったことに挑戦できたのです。

ブレークスルー編　大阪万博で地域冷房の先駆者に

国立代々木競技場のノズルの実験と実施設計に明け暮れていた時期、東京大学の丹下研究室にしょっちゅう出入りしていました。

そこで磯崎新さんの目に留まり、設備設計の仕事を手伝ってほしいと声を掛けられます。「N邸」（一九六四年）や「大分県立図書館」（六六年）、「福岡相互銀行大分支店」（六七年）など、磯崎さんの一連の仕事で設備設計を担当しました。

博士課程を終えた一九六五年の七月には、井上先生夫妻に連れられて四〇日間の米国旅行を体験します。代々木競技場の設備設計を手伝ったお礼という意味もあったのでしょう。私はもちろん井上先生にとっても初めての米国でした。

開催中のニューヨーク万国博覧会にも訪れました。驚いたのは、炎天下にパビリオンの前で何時間も行列して待っていた人たちが次々に倒れていったことです。原因は空調の屋外機でした。強い日射に加え、室内をガンガン冷やす巨大な空調の屋外機から熱風が吹き出すため、とてもない暑さで熱中症になっていたのです。

当時のニューヨークは、早くもヒートアイランド現象が起こっていました。ガラス張りのレバーハウスは冷却塔の水不足で閉館し、水不足の世界貿易センタービル（ＷＴＣ）ではハドソン川から冷却水を給水していました。

そうした厳しい状況を見る一方で、ジョン・Ｆ・ケネディ国際空港で地域冷房を採用していることも学びました。

■列車内で地域冷房を提案

米国を訪れた六五年春、尾島氏は専任講師に着任する。その頃、尾島氏が参画したのが大阪万博（日本万国博覧会）の計画だ。


大阪万博では東の丹下健三先生（当時東京大学教授）と西の西山夘三先生（当時京都大学教授）が会場の総合計画づくりで競っていました。六六年夏、丹下グループは設計案の提出に向けて英知を集めるために軽井沢合宿を開きました。私も会場の設備計画について提案せよといきなり呼ばれました。

声が掛かったのは、磯崎さんの推薦だったのだろうと思います。ニューヨークでの経験から、私は、パビリオンごとに冷凍機を設置したら大変なことになるので地域冷房を採用したらよいという構想を持っていました。

送られてきた切符のグリーン車の指定席に座ると、都市計画の大家である高山英華先生の隣席でした。軽井沢までの車中、具体的に何を話したかは覚えていませんが、たぶん地域冷房などに関して大きなことを言ったのでしょう。すっかり高山先生に気に入られました。

一週間に及ぶ合宿には、通産官僚の池口小太郎（堺屋太一）さんも査定係として参加していました。地域冷房とその冷凍機を利用する人工気候によって会場全体に一体感をもたらすという私の提案は、丹下さん、高山さん、池口さんの支持を得てぜひやろうと盛り上がりました。

地域冷房案の採用で、私は一定の立場を得ました。専任講師に過ぎない二七、二八歳の私に、通産省関連の協会が五〇〇万円の調査費を出してくれたのです。

当時はこうした業務を大学で受けるのが難しかったため、受け皿となる会社が必要でした。磯崎さんが環境計画、曽根幸一さんが環境設計というように、環境という名を冠した事務所をそれぞれが立ち上げて仕事に取り組みました。私は日本環境技研という株式会社を設立しました。

大学騒動が起こり始め、大学の授業が閉鎖されていた一方で、設計の実務はとても忙しかった。早稲田大学の卒業生だけでなく、東大や都立大などの大学から優秀な学生が集まってきました。

修士時代、私は父の勤める内外薬品の「ケロリンビル」を東京・市ヶ谷に設計していました。一〇坪ほどの部屋を二一室配した、今で言うＳＯＨＯビル。私はその二階の一番いい場所に事務所を開きました。上層階には伊藤滋さん、月尾嘉男さん、黒川紀章さん、石井威望さんたちも分室らしき研究室を構え、シンクタンクの拠点のような形になったのです。

■万博の冷凍機を各地で活用

大阪万博では敷地の外周に３カ所のプラントを設置し、計三万冷凍トンの冷凍機による地域冷房を実現した。従来の冷凍機は大きいもので一〇〇冷凍トンクラスだったが、大阪万博では三〇〇〇冷凍トンという大規模な機器を導入した。

万博で大型の冷凍機を使いましたが、機械にとって半年という開催期間は慣らし運転が終わった程度の状態です。ちょうど成田新空港（新東京国際空港）や新宿副都心、千里ニュータウンでも地域冷暖房の採用が決定して、万博で使った冷凍機を再利用することになりました。当時は地域冷暖房を手掛けられる技術者がほかにいなかたので、こうした設計の依頼が特命で私たちの事務所に来ました。

日本環境技研は、一〇〇人規模の事務所に急成長していました。時代は巨大な都市をテーマにした環境設計へと向かい、私は地域冷房でまさにブレークスルーしたのです。

［初出］「日経アーキテクチュア」日経ＢＰ、二〇一八年三月八日号、「私の駆け出し時代13」

あとがき

二〇〇八年、早稲田大学を定年退職するにあたって、古希記念として『都市環境学へ』を出版。また、その間に研究室で学んだ学生たちが、岡泰子さん・久保田昭子さんを中心に『尾島研究室の軌跡』と題して、五〇のキーワードで、八三六人の卒論、三〇四人の修士論文、四四人の博士論文のテーマや学術論文・設計やプロジェクトの実態を非売品として出版してくれた。この二冊がその後の私にとっての「生き甲斐」となって、後者の続編として都市に住む人間や生物を取り巻く状況の激変を考察して『都市環境学を開く』として、やはり岡さん・久保田さんに編集を依頼した。

実は、本書出版にあたっては、「終わった人」が暇に任せての原稿であったから、五〇〇頁を超えた初稿となり、久保田さんも驚いたようだ。それ以前に妻に見せたら「こんな自分の備忘録のような内容を、誰がお金を払って読むのですか」と問われたので、仕方なく二〇〇頁に縮減し、米寿の記念に集まってくれる卒業生たちには、買い取って配布することにした。そこで改めて岡さん・久保田さんにお願いしたので、Appendixやコラム等が入った、私の元原稿とはだいぶ異なる改訂の上での出版となった。

一方、学生が居なくなって開設した銀座オフィスでの研究成果は、「尾島俊雄の足跡」として、卒寿か白寿の記念に出版したいと考えている。

何はともあれ、私の米寿記念に免じてご笑納の上、ご一読下されば幸いである。

二〇二四年一〇月四日

尾島俊雄

参考文献

1章

尾島俊雄著『都市環境学へ』鹿島出版会、二〇〇八年
尾島俊雄著『熱くなる大都市』日本放送出版協会、一九七五年
尾島俊雄著『ヒートアイランド』東洋経済新報社、二〇〇二年
日本建築学会『建築雑誌』（二〇二一年五月号）特集「暑くなる日本―蒸暑アジアからの挑戦」
（独）建築研究所『東京ヒートマップ―CFDによる東京23区全域の熱環境解析』二〇〇九年
尾島俊雄著『都市の設備計画』鹿島出版会、一九七三年
ドネラ・L・メドウズ他著、大来佐武郎監訳『成長の限界』（ダイヤモンド社、一九七二年）
アウレリオ・ペッチェイ、大来佐武郎訳『人類の使命／ローマクラブはなぜ生れたか』
尾島俊雄著『日本は世界のまほろば』中央公論新社、二〇一五年
村上芽・渡辺珠子著『SDGs入門』日本経済新聞社、二〇一九年
NPOアジア都市環境学会『アフターコロナ時代の都市環境』NPOアジア都市環境学会、二〇二一年
尾島俊雄著『日本は世界のまほろば1』中央公論新社、二〇一〇年
尾島俊雄著『日本は世界のまほろば2』中央公論新社、二〇一五年
伊藤滋・尾島俊雄編著『東日本大震災からの日本再生』中央公論新社、二〇一一年
同、英語版・中国語版・韓国語版
（公財）セコム科学技術振興財団『福島原発事故から何を学ぶか』NPOアジア都市環境学会、二〇一八年
武谷三男編『原子力発電』岩波書店、一九七六年
吉野正敏編『地球環境への提言　問題の解決に向けて』山海堂、一九九四年
渋谷申博著『諸国神社・一宮・二宮・三宮』山川出版社、二〇一五年
田尾陽一著『飯舘村からの挑戦』筑摩書房、二〇二〇年
三浦英之著『災害特派員』朝日新聞出版、二〇二一年
矢田海里著『潜匠』柏書房、二〇二一年
伊藤滋編著『都市計画家・伊藤滋が見た東北復興2011～2021縦断』万来舎、二〇二三年

2章

和辻哲郎著『風土　人間学的考察』岩波文庫、一九七九年
吉野正敏著『小気候　局地気象学序説』地人書館、一九六一年
「横浜国際都市防災会議　最終報告」横浜市消防局、一九八八年一一月
溝上恵監修、インパクト著『大地震が東京を襲う！』中経出版、一九九三年
尾島俊雄監修『環境革命時代の建築　巨大都市東京の限界と蘇生』彰国社、一九九八年
尾島俊雄監修『都市居住環境の再生　首都東京のパラダイムシフト』彰国社、一九九九年
小松左京『日本沈没』光文社、一九七三年
竹内均総編集「NEWTON」別冊『せまりくる巨大地震』ニュートンプレス、二〇〇一年二月
日本学術会議勧告「大都市における地震災害時の安全の確保について」二〇〇五年四月

日本学術会議声明「生活の質を大切にする大都市政策へのパラダイム転換について」二〇〇五年四月
日本学術会議「大都市をめぐる課題特別委員会」報告「大都市の未来のために」二〇〇五年六月二三日
平成二九年度会長特別委員会 レジリエンス委員会報告書『「国難」をもたらす巨大災害対策についての技術検討報告書』土木学会、二〇一八年
国土交通省国土技術政策総合研究所「ヒートアイランド対策に資する『風の道』を活用した都市づくりガイドライン」二〇一三年
国土交通省都市局都市計画課「ヒートアイランド現象緩和に向けた都市づくりガイドライン」二〇一三年
国土交通省国土技術政策総合研究所「ヒートアイランド対策に資する『風の道』を活用した都市づくりガイドライン」二〇一六年
銀実会創立三十五周年記念誌『銀座ルネッサンス』銀実会、一九八七年
尾島俊雄著『都心に住まいと賑わいを』JPR、一九九〇年
尾島俊雄著「プロセスアーキテクチュア」九九号、『東京を開く』一九九一年一一月
石丸雄司著・銀座コンシェルジュ編『私の銀座風俗史』ぎょうせい、二〇〇三年
適塾懇談会『大阪・御堂筋地区構想』NPOアジア都市環境学会、二〇一〇年
アジア都市環境学会国際シンポジウム『東日本大震災に学ぶ日本再生の鍵は、大阪の復権』NPOアジア都市環境学会、二〇一一年
都市環境エネルギー協会シンポジウム『大阪御堂筋・船場の復権』NPOアジア都市環境学会、二〇一四年
尾島俊雄著『日本の国富を見なおす』NPOアジア都市環境学会、二〇一七年
都市環境学教材編集委員会編『都市環境から考えるこれからのまちづくり』森北出版、二〇一七年

3章

尾島俊雄編著「東京安全研究所シリーズ」1『東京新創造』早稲田大学出版部、二〇一七年
尾島俊雄編著「東京安全研究所シリーズ」3『超高層建築と地下街の安全』早稲田大学出版部、二〇一八年
濱田政則編著「東京安全研究所シリーズ」7『都市臨海地域の強靭化』早稲田大学出版部、二〇一九年
石橋克彦著『大地動乱の時代』岩波書店、一九九四年
尾島俊雄著『東京21世紀の構図』NHKカラーブックス、一九八六年
尾島俊雄著『東京大改造』筑摩書房、一九八六年
尾島俊雄著『安心できる都市』早稲田大学出版部、一九九六年
早稲田大学尾島研究室『尾島研究室の軌跡』鹿島出版会制作（非売品）二〇〇八年
尾島俊雄編著『地方都市再生の戦略』早稲田大学出版部、二〇〇一年
高橋義雄編纂『大正名器鑑 第一～第九編』寳雲舎、一九三七年
牧野知弘著『空き家問題 1000万戸の衝撃』祥伝社、二〇一四年
東山魁夷『日本の美を求めて』講談社、一九七六年
尾島俊雄著『中国建築名所案内』彰国社、一九八三年
尾島俊雄著『絵になる都市づくり』日本放送協会出版、一九八四年
尾島俊雄著『この都市のまほろば』中央公論新社、二〇〇五年
尾島俊雄著『この都市のまほろば2』中央公論新社、二〇〇六年
尾島俊雄著『この都市のまほろば3』中央公論新社、二〇〇七年
尾島俊雄著『この都市のまほろば4』中央公論新社、二〇〇八年
尾島俊雄著『この都市のまほろば5』中央公論新社、二〇〇九年

尾島俊雄著『この都市のまほろば6』中央公論新社、二〇一二年
尾島俊雄著『この都市のまほろば7』中央公論新社、二〇一三年
東山魁夷著『日本の美を求めて』講談社、一九七六年
尾島俊雄著『日本の国富を見なおす』NPOアジア都市環境学会、二〇一七年
「公共建築」公共建築協会、二〇一二年十一月
豊川齊赫著『国立代々木競技場と丹下健三』TOTO建築叢書、二〇二一年
井上宇市著『「建築設備」と私』丸善、一九八九年
井上宇市設備研究所 編『井上宇市と建築設備　建築設備の技術向上と人材育成に捧げた生涯』丸善、二〇一三年
「図面ライブラリー第一七輯　井上宇市」稲門建築会、二〇〇八年十月

4章

尾島俊雄・大江匡共編『デジタル現場建築CALS建築法』新建築社、二〇〇一年
JCITC他『BIMその進化と活用』日刊建設通信新聞社、二〇一六年
建築研究所特別講演、尾島俊雄「Society5.0とデジタルビルド・ジャパン」二〇一九年三月一日、於有楽町朝日ホール
今井伸・橘川武郎・石井彰共著『LNG50年の軌跡とその未来』日経BP、二〇一九年
今泉大輔著『再生可能エネルギーが一番わかる』技術評論社、二〇一三年
都市環境エネルギー協会『50年のあゆみ』（一社）都市環境エネルギー協会、二〇二二年

5章

サミュエル・ハンチントン著『文明の衝突と21世紀の日本』集英社新書、一九八八年
ユヴァル・ノア・ハラリ著、柴田裕之訳、『サピエンス全史（上）（下）』河出書房新社、二〇一六年
勅使河原彰著『縄文時代史』新泉社、二〇一六年
東山魁夷著『日本の美を求めて』講談社、一九七六年
小泉悠著『ウクライナ戦争の200日』文春新書、二〇二二年
佐藤優著『よみがえる戦略的思考　ウクライナ戦争で見る「動的体系」』朝日新書、二〇二二年
小山堅著『エネルギーの地政学』朝日新書、二〇二二年
篠田英明著『戦争の地政学』講談社現代新書、二〇二三年
内藤博文著『「首都」の地政学』KAWADE夢新書、二〇二三年
池上彰著『20歳の自分に教えたい地政学のきほん』SB新書、二〇二三年
エマニエル・トッド他著『2035年の世界地図　失われる民主主義、破裂する資本主義』朝日新書、二〇二三年
ユヴァル・ノア・ハラリ他著『新しい世界　世界の賢人16人が語る未来』講談社現代新書、二〇二二年
山田康弘著『縄文時代の歴史』講談社現代新書、二〇一九年
宮森千嘉子・宮林隆吉著『経営戦略としての異文化適応力』日本能率協会、二〇一九年
中川毅著『人類と気候の10万年史』講談社、二〇一七年
『福井県年縞博物館解説書』福井県年縞博物館、二〇二三年八月
ジェレミー・リフキン著、柴田裕之訳『レジリエンスの時代』集英社、二〇二三年
日向勤著『スサノオ　大国主の国』梓書院、二〇〇九年
門脇禎二著『出雲の古代史』日本放送出版協会、一九七六年

尾島俊雄（おじま・としお）

早稲田大学名誉教授、（一社）都市環境エネルギー協会理事長

一九三七年、富山県富山市生まれ。

早稲田大学第一理工学部建築学科卒、同大学院博士課程修了。早稲田大学より工学博士授与。同校専任講師、助教授、一九七四年 教授。二〇〇〇年 理工学部長、二〇〇八年 名誉教授。

この間、東京芸術大学、名古屋大学、九州大学等の非常勤講師、東京大学先端研、東京大学生産研、工学院大学の客員教授。

中国 浙江大学、同済大学の顧問教授、吉林建築大学名誉教授。

日本建築学会会長、日本学術会議会員、（一財）建築保全センター理事長等を歴任。

主著に『都市の設備計画』（鹿島出版会）一九七二年、『熱くなる大都市』（日本放送出版協会）一九七五年、『絵になる都市づくり』（日本放送協会出版）一九八四年、『建築学大系9（都市環境）』（彰国社）一九八二年、『建築の光熱水費』（丸善）一九八四年、『千メートルビルを建てる』（講談社）一九九七年、『ヒートアイランド』（東洋経済新報社）二〇〇二年、『この都市のまほろば1〜7』（中央公論新社）二〇〇五〜二〇一三年、『日本は世界のまほろば1〜2』（中央公論新社）二〇一〇〜二〇一五年、『都市環境学へ』（鹿島出版会）二〇〇八年など。

一九七〇年日本建築学会万博特別賞、一九七二年日本建築学会論文賞、二〇〇七年大隈記念学術賞、二〇〇八年日本建築学会大賞受賞。二〇一六年瑞宝中綬章受章。

都《と》市《し》環境《かんきょう》学《がく》を開《ひら》く

二〇二四年一〇月四日　第一刷発行

著者　尾島俊雄

発行者　新妻 充
発行所　鹿島出版会
一〇四―〇〇六一　東京都中央区銀座六―一七―一
銀座六丁目-SQUARE 七階
電話　〇三―六二六四―二三〇一
振替　〇〇一六〇―二―一八〇八八三

印刷　壮光舎印刷
製本　牧製本
カバーデザイン　伊藤滋章
DTP　ホリエテクニカル

ISBN 978-4-306-07370-8 C3052

URL: https://www.kajima-publishing.co.jp
e-mail: info@kajima-publishing.co.jp